日本ワインの
教科書

日本ワイン検定公式テキスト

ブドウの品種

　ワイン用ブドウを代表する7つの品種を紹介する。ワインの原料であるブドウ品種は1万を超え、その多くがヨーロッパ系のヴィティス・ヴィニフェラをルーツとするが、実際にワイン用として使用されている重要な品種は100種程度といわれている。日本ワインの代表的な固有品種は、甲州とマスカット・ベーリーAである。近年は技術の向上により、ヴィニフェラ種の栽培も増えている。

 ## WHITE WINE GRAPES

甲州

醸造と生食用を兼ねる、日本固有品種。山梨県では最も多く栽培されている品種である。大きな果粒と丈夫な果肉を持ち、収穫時の糖度は低めで、穏やかな酸味のさっぱりとしたワインを生む。樹勢が強く、新梢の伸びは旺盛で、新梢伸長にばらつきが見られる。ヴィティス・ヴィニフェラ種。

シャルドネ

フランス・ブルゴーニュ地方を代表する品種。土壌や各気象状況への適応性が高く、世界各地、また日本の各地で栽培されている。芳醇で最高級のフルボディのワインを生み出し、シャンパーニュ用の代表品種でもある。フランス原産、ヴィティス・ヴィニフェラ種。

ソーヴィニヨン・ブラン

近年人気の品種。フランスのロワール地方やボルドー、ニュージーランドで多く栽培されている。発芽期はメルロと同時期でやや遅い。ワインはしっかりした酸と柑橘を思わせるフルーティな香り、芝を刈った時などの青い香りも感じられる。フランス原産、ヴィティス・ヴィニフェラ種。

黒 RED WINE GRAPES

マスカット・ベーリー A

川上善兵衛（新潟県）がベーリーとマスカット・ハンブルグを交雑して育成した品種。ワインは新酒から熟成タイプまで、幅広いスタイルが存在する。タンニンは控えめだが、フラネオールというイチゴのようなフルーティな果実の風味がある。醸造と生食用を兼ねる。

カベルネ・ソーヴィニヨン

フランス・ボルドー地方の代表的品種で、世界各地域で栽培され、高い人気を誇る。深い赤紫色、複雑な香り、力強いタンニンが特徴であり、長期の熟成に耐え非常に評価の高いワインとなる。発芽期は遅く、新梢の伸長は弱い。成熟期は山梨市（標高440m）で10月中旬〜下旬。フランス原産、ヴィティス・ヴィニフェラ種。

ピノ・ノワール

カベルネ・ソーヴィニヨンと並び、世界的に人気の高い品種。華やかな果実香と爽やかな酸味のワインとなり、熟成が進むと複雑な香りに変化する。栽培は困難だが、日本でも挑戦者が増えている。シャルドネとともにシャンパーニュの原料。フランス原産、ヴィティス・ヴィニフェラ種。

メルロ

カベルネ・ソーヴィニヨンと並ぶフランス・ボルドー地方の主要品種で、同地で最も広大な栽培面積を誇る。カベルネ・ソーヴィニヨンより早熟で、馥郁たる果実の風味と柔らかなタンニンが特徴。日本でも長野県塩尻市で世界で高評価のワインが造られており、日本での適応性を確認できる。フランス原産、ヴィティス・ヴィニフェラ種。

ワインの種類

　ワインにはさまざまな種類があり、その分類の仕方も多様である。最も一般的なのは色の違いによる分類である。伝統的に赤ワイン、白ワイン、ロゼワインの3つに分類されるが、近年はオレンジワインを加え4つに分類することが多い。また発泡性ワインは白とロゼの2種だが、一部では赤も造られている。色による分類のほかには、醸造方法の違い、ブドウ品種の違い、国・地方・畑などの産地別、生産者の違い、価格の違いなどが挙げられる。

赤ワイン　　白ワイン　　ロゼワイン　　オレンジワイン　発泡性ワイン

　赤ワインは黒ブドウを原料とし、果汁を果皮と種子と一緒に醸す。黒ブドウだが果汁はほぼ無色で、醸しによって果皮から色素が抽出され赤いワインとなる。その際、果皮や種子から渋みがワインにもたらされる。白ワインは基本的に白ブドウの果汁のみを搾り発酵させるので、渋みはほとんどない。ロゼワインは黒ブドウを原料とし、赤ワインほど色素の抽出が行われなかったワイン。オレンジワインは白ブドウを赤ワイン同様（果汁と果皮・種子を一緒に）醸したもので、渋みがある。

　色の濃淡は、原料となる品種、産地、その年の気候、醸造方法、熟成方法などにより決まる。一概に赤ワインといっても、カベルネ・ソーヴィニヨンやメルロは濃い赤色に、ピノ・ノワールは明るい赤色になる。また温暖な産地は冷涼な土地のワインに比べ、色が濃くなる傾向がある。優れた気象条件の収穫年のワインの色も濃くなる。つまり同じ品種ならブドウがよく熟した方がワインの色が濃くなるのだ。また色調は熟成によっても変化する。一般に白ワインは、若いうちは緑がかった黄色。だが、熟成が進むにつれ緑色が弱まって深い黄色となり、さらには酸化の影響で褐色がかった黄金色となる。赤ワインは、若いものは紫が強く感じられる赤色だが、次第に紫のトーンが消え、オレンジ、そして褐色がかった赤となる。

はじめに

　今、日本ワインが面白い。
そんな言葉をワイン好きの方たちの間でよく耳にするようになった。実は「日本ワイン」という言葉は意外と新しい。2003年、山本博氏の著書『日本のワイン』出版記念パーティーでのこと。輸入原料使用も許されている「国産ワイン」と区別するために、国産ブドウだけから造られた純国産ワインを「日本ワイン」と定義づけようと山本氏が提唱したのが始まりだ。以来「日本ワイン」という言葉は徐々に普及し、2018年からは「日本ワイン」の表示基準が適用されるようになった。この背景に日本ワインの目覚ましい品質向上があったのはいうまでもない。

　21世紀に入り国内のワイナリー数は急増し、個性豊かなワインが全国各地で造られている。今や世界的なコンクールで日本ワインの上位入賞は珍しくない。本書は日本ワインに興味を持った方々がより深く理解できるように、日本ワイン業界の代表的な方々に執筆いただいた。日本ワイン検定のテキストであるとともに、少しでも興味ある方々に日本ワインを楽しむきっかけとなれば幸いである。

遠藤利三郎

(一社)日本ワイナリーアワード協議会 審議委員長

《凡例》
・ワインに関する用語は現在一般的に使われているものを採用している。
・法律や定義に関わる表記は原文に準じている。
・ひとつの章で執筆者が複数いる場合は各章の扉に担当ページを記載している。
・参考文献および写真協力は209頁に記載している。

第1章

ワイン概要

《執筆者》

石井もと子
ワインコーディネーター＆ジャーナリスト
page 14-19

富川泰敬
税理士。国税庁勤務を経て2019年退職。
元税理士試験委員（酒税法担当）
page 20-34

page 10-13……日本ワイン協会
page 31……遠藤利三郎（(一社)日本ワイナリーアワード協議会 審議委員長）

酒類の分類

ワインは酒類のひとつである。
まずは、その概要と分類を学ぶ。

酒の定義と分類

製造過程と原料によって分類される

　酒はアルコール分を含む飲み物であり、日本の酒税法では、アルコール分1度（1%）以上の飲料を酒類であると定義している。

　酒類の原料にはアルコールに変化することができる成分、つまり糖質が含まれていなければならない。糖質は糖の結合数によって、単糖類、少糖類、多糖類の3つに分類される。単糖類にはブドウ糖、果糖などが、多糖類にはデンプンなどがある。多糖類であるデンプンは分子構造が大きいため直接はアルコール発酵ができない。そのことから、麦芽や麹が持つ分解酵素を利用して、ブドウ糖に分解したうえで、酵母の働きによってアルコールと二酸化炭素に分解する。またワインの場合は、原料となるブドウにブドウ糖と果糖が豊富に含まれている。酵母はこれを直接分解してアルコールを生み出すため、麦芽や麹は必要がない。こうして、酒ができあがる。

　酒類は製造過程で、醸造酒、蒸溜酒、混成酒に大別される（右頁参照）。

　醸造酒は、上述のように、糖分を酵母によってアルコール発酵させたものであり、蒸溜酒は醸造酒を蒸溜したもの、混成酒は醸造酒や蒸溜酒をベースに、薬草や香草、果実、種子、糖分などの成分を加えたものである。

💡知識をプラス！

蒸溜酒は、醸造酒を加熱して造られる。沸点の違いを利用し、蒸発する成分（アルコール類や水分、脂肪酸エチルエステル類など）と、蒸発しない成分（糖類やミネラル分、色素など）とに分離させ、蒸発した成分を冷却して液体とし、成分濃度を凝縮させる。蒸溜することでアルコール類の濃度が上がるため、アルコールの風味が強調される。

◎酒類の分類

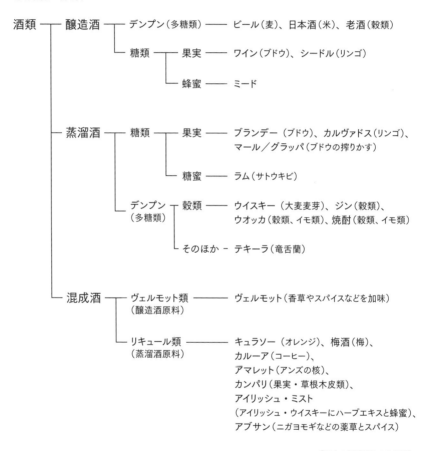

酒類 ─┬─ 醸造酒 ─┬─ デンプン（多糖類） ─── ビール（麦）、日本酒（米）、老酒（穀類）
　　　│　　　　　└─ 糖類 ─┬─ 果実 ─── ワイン（ブドウ）、シードル（リンゴ）
　　　│　　　　　　　　　　└─ 蜂蜜 ─── ミード
　　　│
　　　├─ 蒸溜酒 ─┬─ 糖類 ─┬─ 果実 ─── ブランデー（ブドウ）、カルヴァドス（リンゴ）、
　　　│　　　　　│　　　　　│　　　　　　　マール／グラッパ（ブドウの搾りかす）
　　　│　　　　　│　　　　　└─ 糖蜜 ─── ラム（サトウキビ）
　　　│　　　　　└─ デンプン ─┬─ 穀類 ─── ウイスキー（大麦麦芽）、ジン（穀類）、
　　　│　　　　　　（多糖類）　│　　　　　　ウオッカ（穀類、イモ類）、焼酎（穀類、イモ類）
　　　│　　　　　　　　　　　　└─ そのほか － テキーラ（竜舌蘭）
　　　│
　　　└─ 混成酒 ─┬─ ヴェルモット類 ─── ヴェルモット（香草やスパイスなどを加味）
　　　　　　　　　│　（醸造酒原料）
　　　　　　　　　└─ リキュール類 ─── キュラソー（オレンジ）、梅酒（梅）、
　　　　　　　　　　　（蒸溜酒原料）　　　カルーア（コーヒー）、
　　　　　　　　　　　　　　　　　　　　アマレット（アンズの核）、
　　　　　　　　　　　　　　　　　　　　カンパリ（果実・草根木皮類）、
　　　　　　　　　　　　　　　　　　　　アイリッシュ・ミスト
　　　　　　　　　　　　　　　　　　　　（アイリッシュ・ウイスキーにハーブエキスと蜂蜜）、
　　　　　　　　　　　　　　　　　　　　アブサン（ニガヨモギなどの薬草とスパイス）

［日本の酒税法による分類］

ワインの分類

ワインには、醸造法、色、味わいなど
さまざまな分類方法がある。

醸造法による分類

４つのタイプに分かれる造り方

　酒類の分類で見たようにワインはブドウを原
料として発酵によって造る果実酒である。

　ブドウは品種が多く、醸造法も各種あること
から、ひと口に「ワイン」といっても特徴は多
岐にわたる。そのため、ワインにはさまざまな
分類法が存在する。中でも最も一般的なものが、
醸造法による分類である。

◎ワインの醸造法による分類

醸造法	分類
非発泡性ワイン （スティルワイン）	赤ワイン、白ワイン、ロゼワイン、オレンジワイン
発泡性ワイン （スパークリングワイン）	シャンパーニュ、ゼクト、スプマンテ、カバ、クレマンなど
酒精強化ワイン （フォーティファイドワイン）	シェリー、ポート、マデイラなど
フレーヴァードワイン	ヴェルモット、サングリアなど

◎非発泡性ワイン
（スティルワイン）

　炭酸ガスを含まない通常のワイン。白ワイン、赤ワイン、ロゼワインのすべてのタイプを含み、味わいも辛口から甘口、軽いタイプから重厚なタイプまで幅広い。主に食中酒として飲まれる。近年、第4のワインと呼ばれるオレンジワインが新たなジャンルとして確立されつつある。

◎発泡性ワイン
（スパークリングワイン）

　炭酸ガスを含んだワイン。EUの法的基準では、20℃で3気圧以上のものを指し、それ以下の1～3気圧未満は「弱発泡性ワイン」と呼ばれる。

　発泡性ワインは、シャンパーニュ、クレマン、ヴァンムスー（フランス）、シャウムヴァイン、ゼクト（ドイツ）、スプマンテ（イタリア）、エスプモーソ、カバ（スペイン）などがある。それ以下の弱発泡性ワインとして、ペティヤン（フランス）、パールヴァイン（ドイツ）、フリッツァンテ（イタリア）などがある。

　なお、日本の基準では、0.5気圧以上あれば、発泡性ワインとなる。

◎酒精強化ワイン
（フォーティファイドワイン）

　ワイン（スティルワイン）の発酵の途中、または発酵終了後に、ブランデーなどの蒸溜酒を添加し、アルコール度数を15～22度程度に高めたワイン。発酵途中でアルコール度数を高めると、およそ15度以上で発酵が止まり、甘みが残るとともに保存性が向上する。シェリー（甘口）、ポート、マデイラ、マルサラなどが代表的。食後酒として用いられることが多い。

◎フレーヴァードワイン

　スティルワインに、薬草、ハーブ、香料、果実、蜂蜜などを加えて造るワイン。白ワインにニガヨモギやスパイスを加えて造るヴェルモットなどがある。

世界のワインの現状

世界のワイン生産量、消費量などは
数年単位で大きく変化している。

世界のワイン生産状況は、20世紀末より大きく変化している。

20世紀後半まで、生産においても消費においてもその中心はヨーロッパであった。その後、「ニューワールド」と呼ばれる南北アメリカ諸国やオーストラリア、中国などのワイン生産新興国が急速に台頭し、今世紀に入ると生産量においてトップ10の半数を占めるに至った。だが依然として上位3国は伝統産出国である（表1）。世界総生産量は2000年以来、248億〜295億ℓの間で推移し、上位3ヵ国で世界総生産量の5割を占める。

消費においては、1960年代には年間1人あたり110〜120ℓを消費していたフランス、イタリアが1/3量まで減少するなど、生活様式の変化によってヨーロッパの大量消費国の消費が激減した。一方でアメリカ、中国などのワイン生産新興国の消費量は増加している（表3、表4）。全世界の酒類（アルコール）総消費量は、中国、東南アジア諸国の急激な消費量増加を受けて1990年以降増加傾向が続き、ワイン総消費量も同様であったが、2000年以降はほぼ横ばいとなっている。

ブドウ栽培面積（表2）においては、消費激減と輸出力強化（量から質への転換）の両面から奨励金を出すなど栽培面積の削減を進めた結果、スペイン、イタリア、フランスといったEU域内のワイン生産大国では面積が減少し、全世界のブドウ栽培面積は2000年の780万haから2018年には733万haに減少。上位5ヵ国で全体の5割を占める。総面積には生食、ワイン以外の加工用も含まれ、約6割弱がワイン用ブドウである。

ワイン生産と消費の両面において新興国が台頭した結果、全世界におけるワインの貿易量が増加し、2018年は2000年の1.8倍に増加している。輸出国のトップはイタリアで、スペイン、フランスが続く。輸入国のトップはイギリスで続いてドイツ、アメリカである。

以上の統計はパリに本部を置くO.I.V.（国際ブドウ・ブドウ酒機構）による統計で、同機関は、ブドウの品種や栽培、ワイン醸造に関わる技術的、科学的な研究および情報を統括し、加盟国の同意のもとにワインに関わる国際的な統一基準も定めている。現在、ワイン生産国49ヵ国が加盟する（日本は未加盟）。

◎世界のワインの概況

表1：ワイン生産国 Top10（2018年）

NO	国	生産量
1	イタリア	54.8
2	フランス	48.6
3	スペイン	44.4
4	アメリカ	23.9
5	アルゼンチン	14.5
6	チリ	12.9
7	オーストラリア	12.9
8	ドイツ	10.3
9	南アフリカ	9.5
10	中国	9.1
	日本*	0.16
	世界全体	291

＊国内製造ワインのうち　（単位：億ℓ）
　日本ワインのみ

表2：ブドウ栽培面積 Top10（2018年）

NO	国	面積
1	スペイン	972
2	フランス	792
3	中国	779
4	イタリア	701
5	トルコ	448
6	アメリカ	408
7	アルゼンチン	218
8	チリ	208
9	ポルトガル	192
10	ルーマニア	191
	日本	16.7
	世界全体	7333

（単位：1000ha）

表3：ワイン消費国 Top5（2018年）

NO	国	消費量	
		2018	2020*
1	アメリカ	32.4	33.0
2	フランス	26.0	24.7
3	ドイツ	20.0	19.8
4	イギリス	17.6	13.3
5	中国	12.6	12.4
	日本	3.5	3.5
	世界全体	244.0	234.0

＊推計　　　　　　　　　（単位：億ℓ）

表4：ワイン消費量 1人あたり（2017年）

NO	国	消費量
1	ポルトガル	58.8
2	フランス	50.7
3	イタリア	44.0
4	スイス	37.0
5	オーストリア	32.2
22	日本	2.2

（単位：ℓ）

日本ワインの現状

昭和末期から、急速に消費が拡大した
日本のワイン市場。

日本のワイン市場概況

日本の1人あたりのワイン消費量は1970年代から、何度かのワインブームを経て多少の揺り戻しはあるが、上昇を続けている。ワインブームの中で特筆に値するのは、赤ワインに含まれるポリフェノールが動脈硬化を予防し赤ワインは健康によいとする「フレンチパラドックス」説が広まった1997〜1998年の赤ワインブームで、1996年からの2年間でワイン消費量は1.9倍に上昇した。

このようなブームを経て1人あたりの年間消費量は1970年代の0.2ℓ台から、約40年で10倍以上の2.85ℓに達した。これはボトル（750㎖換算）で3.8本分に相当する量である。酒類全体の消費は1999年をピークに漸減し、2018年にはピーク時の10％減となっているが、ワインは確実に消費量を伸ばし、日本の食卓に浸透した。

ワイン消費の拡大につれて、公的な基準がなかった「国産ワイン」について、2018年10月30日に「果実酒等の製法品質表示基準」（通称ラベル表示ルール）が施行され、国内産ブ

ドウ100％で造られたワインのみを「日本ワイン」と認め、ラベルへの表示が許可された（22頁参照）。これまでは「国産ワイン」と称していた国内でボトリングされたワインは「国内製造ワイン」となり、その中に日本ワインも含まれている。

「国内市場におけるワインの流通量の構成比」（189頁参照）によれば、日本のワイン市場のうち輸入ワインが66.5％を占める。国内製造ワインは33.5％だが、そのうち日本ワイン以外が28.9％を占める。つまり国内ワイン市場に占める日本ワインの割合は4.6％で、販売されているワインの22本に1本が日本ワインだ。日本国内のワイナリー数が急増しているので、これからも市場における日本ワインの割合は増えていくだろう。

輸入ワインを国別で見ると、長らく主に外食で消費されているフランスがトップの座を占めていたが、2017年以降はチリがトップとなった。チリワインは家庭消費向けの低価格帯ワインが大半を占め、日本にワインが定着してきた証の一例といえる。

日本における生食用なども含めた全ブドウ栽培面積は農林水産省によると2012年以降は毎年漸減し、1万6700ha、収穫量は17万4700tである。国税庁によると醸造量は2万668tであり、ブドウ生産量に占めるワイン用ブドウの割合は12%である。

＊数値は表示がない限り2018年度の数値

◎ワインの消費量推移

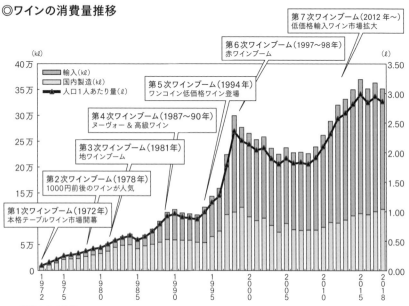

第7次ワインブーム（2012年〜）
低価格輸入ワイン市場拡大

第6次ワインブーム（1997〜98年）
赤ワインブーム

第5次ワインブーム（1994年）
ワンコイン低価格ワイン登場

第4次ワインブーム（1987〜90年）
ヌーヴォー＆高級ワイン

第3次ワインブーム（1981年）
地ワインブーム

第2次ワインブーム（1978年）
1000円前後のワインが人気

第1次ワインブーム（1972年）
本格テーブルワイン市場開幕

（kℓ）
40万
35万
30万
25万
20万
15万
10万
5万
0

■輸入（kℓ）
■国内製造（kℓ）
ー人口1人あたり量（ℓ）

（ℓ）
3.50
3.00
2.50
2.00
1.50
1.00
0.50
0.00

1972　1975　1980　1985　1990　1995　2000　2005　2010　2015　2018

＊1 国税庁発表資料による
＊2 国内製造・輸入別構成比は課税数量をもとにしたメルシャン推定
＊3 年度は会計年度（4月〜翌年3月）

［資料/メルシャン㈱］

都道府県別の概要

　今世紀に入り、日本ワインは急成長し、2018年度末で、果実酒製造免許場数は466場。生産あるいは出荷実績のあるワイナリーは331で、1999年の168社から20年間のうちに約2倍に増大、2018年以降2020年まで毎年30以上のワイナリーが誕生し、2022年末には453を数えるまでになった。

　日本ワインの生産量は10年前は伝統産地である山梨県が40％近くを占めていたが、現在は全体の約30％になっている。それは山梨県に続く長野県、北海道が生産量もワイナリー数も急増しているためである。ワイナリーは全国各地で増えており、2022年末でワイナリーが存在しない県は、奈良県と佐賀県、沖縄県の3県となった。

　2003年に構造改革特区制度における酒税法の特例措置としてワイン特区制度が導入された。ワイン特区では、免許維持に必要な最低醸造量が6000ℓから2000ℓに下がるため特区ワイナリーと呼ばれる小規模ワイナリーが続々と誕生し、ワイナ

リー数が急増する大きな要因となった。

　生産量およびワイナリー数の増大は、ワインの品質向上とも連動している。20世紀後半まで日本ワインは、生食用に向かないブドウから造った土産用ワインが主流で、品質を追求したワインは少なかった。だが、この20年間で造り手の意識は大きく変わり、世界水準を超える上質なワイン造りをめざす者も少なくない。今やワイン専用種の栽培技術、また北海道のような降雪量の多い冷涼地における栽培技術の確立、甲州など日本の固有種に合わせた醸造技術の確立などが大きく進み、ワインの品質は造り手の意識とともに格段に上がっている。

　実際、「インターナショナル・ワイン＆スピリッツ・コンペティション」や「デキャンタ・ワールド・ワイン・アワード」など権威ある国際ワインコンクールで受賞する日本ワインも増えている。2003年に「国産ワインコンクール」として始まった「日本ワインコンクール」への出品数

も増え、今では出品数の制限が設けられ、毎年受賞ワインの水準が上がっている。

　日本ワインに使われる品種は、日本固有種の甲州とマスカット・ベーリーAで醸造量全体の30％を占める。アメリカ系の生食用品種も多いが、ワイン専用種の割合も増えている。山梨県の甲州、北海道のケルナー、長野県のメルロなど、品種によっては産地と強く結びついている。

　今後もしばらくは産地の拡大とワイナリー数の増大は続くと考えられ、品質の上昇も続くことは間違いないだろう。品質の上昇につれ、ワイナリーを巡るワインツーリズムも盛んになり、消費においてもコアな日本ワイン愛好家に加え、日常的に日本ワインを消費する層が徐々に増えると予想される。

◎都道府県別ワイナリー数および醸造量

NO	道県	醸造量（kℓ）	ワイナリー数
1	山梨	4,856	94
2	長野	3,136	65
3	北海道	2,902	53
4	山形	1,045	19
5	岩手	425	15
トップ5計		9,462	246
全国計		15,073	453

（2022年度）

酒税法における酒類の分類と
ワイン（果実酒・甘味果実酒）の定義

各酒類の定義は酒税法で定められている。
果実酒と甘味果実酒の一部がワインに該当する。
＊文中の法律に関わる表記は基本的に原文に準じている

酒類の分類（種類・品目）

　酒税法では、酒類の定義を「アルコール分1度以上の飲料」と定めたうえで、酒類を4種類17品目に分類している。このうち「種類」とは、主に課税上の分類であり、これごとに基本税率が設定されている。

　一方、「品目」とは、酒類を商品特性（性状）の違いなどに着目した分類で、種類の内訳的な存在であるとともに、品目によっては基本税率でなく特別税率が課されている。

　なお、酒類の製造免許は、品目ごとに取得する必要がある。

種　類	基本税率 ＊1	品　　　　　目
発泡性酒類	200円/ℓ	ビール、発泡酒（その他の発泡性酒類 ＊2）
醸造酒類	120円/ℓ	清酒、果実酒、その他の醸造酒
蒸留酒類	200円/ℓ（alc 20度）	連続式蒸留焼酎、単式蒸留焼酎、ウイスキー、ブランデー、原料用アルコール、スピリッツ
混成酒類	200円/ℓ（alc 20度）	合成清酒、みりん、甘味果実酒、リキュール、粉末酒、雑酒

＊1／発泡性酒類の基本税率は、2023年10月1日及び2026年10月1日に改正（減税）が予定されており、醸造酒類の基本税率についても、2023年10月1日に改正（減税）が予定されている。
なお、2020年10月1日以降、果実酒は90円/ℓの特別税率（2023年10月1日以降は基本税率100円/ℓ）が、甘味果実酒（アルコール分12度のもの）は120円/ℓ（アルコール分が1度上がるごとに10円加算）の特別税率が適用されている。

＊2／「その他の発泡性酒類」は課税上の分類であり、品目ではない。ビール及び発泡酒以外の品目のうち、アルコール分10度未満（2026年10月1日以降は11度未満）で発泡性を有する酒類が、（品目はそのままで）この税率が適用される。
たとえば、アルコール分10度未満の発泡性ワインについては、品目は「果実酒」だが、適用される税率は「その他の発泡性酒類」のものが適用される。この場合、エチケットには、「果実酒（発泡性）①」と表示される。なお、その他の発泡性酒類の税率は、①「80円/ℓ」、②「108円/ℓ」（新ジャンルに適用）及び③「200円/ℓ」（基本税率）の3種類があるが、この例では①が適用されていることを表している。

ワインの定義

　日本の法令上、「ワイン」の定義は存在しないが、一般的には「葡萄酒（ぶどう酒）のこと」（『広辞苑』岩波書店）とされている。この「ぶどう酒」について、「酒類の地理的表示に関する表示基準」（国税庁告示）によれば、「『ぶどう酒』とは、酒類の品目のうち、果実酒及び甘味果実酒であって、原料とする果実がぶどうのみのものをいう」とされている（同基準1(5)）。

　なお、酒税法の分類では、果実酒が「醸造酒類」に属するのに対し、甘味果実酒は「混成酒類」に属し、種類が異なる（左頁の表参照）。同法におけるこれらの品目の定義の概要は、下の表のとおり。

品目	定義の概要
果実酒	果実（及び糖類）を原料として発酵させたもので、アルコール分20度未満のもの（「果実と水」以外の原料を用いたものは15度未満のものに限る）
甘味果実酒	・果実酒に糖類やブランデー等を加えたもの 　（その添加量が果実酒で規定された制限を超えるもの） ・果実酒に植物の成分を浸出させたもの

＊「原料ぶどうに含まれる糖類の重量を超えて糖類を加えたもの」や「果実酒で認められていない原料（植物や薬剤など）を用いたもの」などは、果実酒の定義から外れて、甘味果実酒に該当することとなる。

出典／『広辞苑』（岩波書店）、『図解酒税』富川泰敬（一般財団法人大蔵財務協会）

果実酒等の製法品質表示基準

この表示基準により、初めて「日本ワイン」が定義付けられた。
同時に地名や品種名、収穫年の表示ルールも定められた。

前述のとおり、日本では「ワイン」の定義が存在しないため、ヨーロッパで古くから製造されているブドウを原料としたワイン（ぶどう酒）はもとより、リンゴやモモを原料としたものや、海外で製造された濃縮果汁を原料としたものなど、さまざまなものが「ワイン」として流通している。

他方、ヨーロッパなどのワインの主要生産国においては、産業振興などの観点から「ワイン法」と呼ばれるワイン製造などに関する厳格な制度が設けられている場合がある。たとえばEUでは、ワインを「破砕したかどうかにかかわらず、新鮮なぶどうまたはぶどう果汁のアルコール発酵により作られるもの」（欧州議会理事会規則 No.1308/2013 Annex VII Part II）と定義しており、日本のように濃縮ブドウ果汁を原料としたようなものは「ワイン」と呼ぶことはできない。

近年、日本でも国際的に権威のあるワインコンクールで受賞するような高品質なワイン（ぶどう酒）が現れたことも踏まえ、日本ワインの国際的な認知の向上や消費者にとってわかりやすい表示などの観点から、酒類業組合法に基づく「果実酒等の製法品質表示基準*」が2015年10月に制定、2018年10月に施行された。これは、初めて国が定めたワインのラベル表示のルールであり、「日本ワイン」などの定義が規定されている。

*本基準は、「ワイン表示ルール」などと呼ばれることもある。

◎日本ワインなどの定義

区分	定義
日本ワイン	国産ぶどうのみを原料とし、日本国内で製造された果実酒をいう
国内製造ワイン	日本ワインを含む、日本国内で製造された果実酒及び甘味果実酒をいう
輸入ワイン	海外から輸入された果実酒及び甘味果実酒をいう

国内製造ワイン （日本国内で製造された果実酒・甘味果実酒）

日本ワイン

国産ぶどうのみを原料とし、
日本国内で製造された果実酒

ぶどう産地（収穫地）や品種、年号の表示が可能

濃縮果汁などの海外原料を
使用したワインについては、
① 表ラベルに
　・濃縮果汁使用
　・輸入ワイン使用
　等の表示を義務付ける。
② 表ラベルに産地や品種、
　年号の表示は不可。

輸入ワイン

◎日本ワインの表示事項

項目	表示事項	表示例
「日本ワイン」の表示	日本ワインには、ラベルに「日本ワイン」と表示すること（裏ラベルには必須）	日本ワイン
地名の表示	**ワインの産地名**：その地で収穫したぶどうを85％以上使用し、その地で醸造した場合に表示できる	勝沼ワイン
	ぶどう収穫地名：その地で収穫したぶどうを85％以上使用した場合に表示できる	勝沼産ブドウ使用
	醸造地名：その地に醸造地がある場合に表示できる	勝沼醸造ワイン
ブドウ品種の表示	**単一品種の表示**：単一品種を85％以上使用した場合に表示できる	カベルネ・ソーヴィニョン
	二品種の表示：二品種合計で85％以上使用した場合、使用量の多い順に表示できる	カベルネ・ソーヴィニョン、シラー
	三品種以上の表示：表示する品種を合計85％以上使用した場合には、それぞれの品種の使用割合と併せて、使用量の多い順に表示できる	カベルネ・ソーヴィニョン（50％）、シラー（30％）、メルロー（10％）
ブドウ収穫年の表示	**収穫年（ビンテージ）**：同一収穫年のぶどうを85％以上使用している場合に表示できる	2016

◎国内製造ワイン（日本ワインを除く）の表示事項

項目	表示事項	表示例
原料の表示	・濃縮果汁または輸入ワインを原料としたワインの表ラベルには、その旨を表示する ・原材料として使用した果実（ぶどう）、濃縮果汁（濃縮還元ぶどう果汁）、輸入ワインについて、使用量の多い順に表示する	輸入ワイン・濃縮果汁使用
収穫地名の表示	「日本産」に代えて地域名、「外国産」に代えて原産国名を表示することもできる	勝沼産

◎輸入ワインの表示事項

項目	表示事項	表示例
原産国名の表示	一括表示欄（裏ラベル）に原産国名を表示する	原産国　チリ

出典／国税庁、日本ワイナリー協会ホームページ

日本における地理的表示制度 (GI)

我が国でもGI（Geographical Indications）が制度化され、
2021年7月現在、5つの産地が指定されている。

制度の概要

　酒類の地理的表示制度（GI）は、地域の共有財産である「産地名」の適切な使用を促進する制度で、その酒類が「正しい産地であること」と「一定の基準を満たした品質であること」を示すものである。これにより、産地にとっては「地域ブランド」としてほかの酒類との差別化を図ることができ、消費者にとっては「地域ブランド産品」を適切に選択することができる。

　ワイン（ぶどう酒）のGIとしては、2013年に「山梨」が最初に指定された後、2018年に「北海道」、2021年には「山形」「長野」「大阪」の3つが同時に指定されるなど広がりを見せており、今後もさらなる指定の増加が見込まれる。

地理的表示の名称（表示例）	産地の範囲	指定年月	主な特徴
山梨 （GI Yamanashi）	山梨県	2013年7月	健全でよく熟した「甲州」や「マスカット・ベーリーA」を中心とし、品種特性がよく維持されたバランスのよいワイン
北海道 （GI Hokkaido）	北海道	2018年6月	有機酸を豊富に含有するぶどうを原料とした、豊かな酸味と果実の香りを有するワイン
山形 （GI Yamagata）	山形県	2021年6月	ヨーロッパ系品種（ヴィニフェラ種）を中心とした、ぶどう本来の味や香りが引き立った、爽やかな酸による余韻が特徴のワイン
長野 （GI Nagano）	長野県	2021年6月	ぶどう品種ごとに製法等を細かく定義することにより、その品種が有する本質的な香味の特性がはっきりと現れたワイン
大阪 （GI Osaka）	大阪府	2021年6月	食用ぶどうの栽培で培った技術を活かし、デラウェア等の食用品種を主体とした新鮮で美しいぶどうを原料としたワイン

参考／長野県は2002年に「長野県原産地呼称管理制度（Nagano Appellation Control）」（以下「NAC」という）を創設し、一定の基準を満たしたワインを認定する取り組みを行っていたが、地理的表示の指定に伴い制度の発展的統合を行っている。具体的には、NACの取り組みで蓄積した知見をもとに、地理的表示をより多くのワイナリーが活用できるよう認定ルール（生産基準）を定めるとともに、より高品質なワインを生み出していくため、NACで定めていた厳しい基準を取り入れた「プレミアム」クラスの認定ルールを定めている。

◎各GIの概要（比較表）

項目		GI 山梨	GI 北海道	GI 山形
化学的要素	アルコール分	8.5％以上20.0％未満 ※補糖15.0％未満 ※甘口は4.5％以上	14.5％以下	7.0％以上20.0％未満 ※補糖15.0％未満 ※甘口は4.5％以上
	総亜硫酸値	250mg/ℓ 以下 ※甘口は除く	350mg/ℓ 以下	350mg/ℓ 以下
	揮発酸値	赤／1.2g/ℓ 以下 白・ロゼ／1.08g/ℓ 以下	1.5g/ℓ 以下	1.5g/ℓ 以下
	総酸値	3.5g/ℓ 以上	果汁糖度21.0％未満のもの 白・ロゼ／5.8g/ℓ 以上 赤／5.2g/ℓ 以上 果汁糖度21.0％以上のもの 白・ロゼ／5.4g/ℓ 以上 赤／4.8g/ℓ 以上	4.0g/ℓ 以上
原料の要件	品種	42品種 ※品種で区分	57品種 ※品種で区分	51品種 ※品種で区分
	果汁糖度	甲州種／14.0％以上 ヴィニフェラ種／18.0％以上 その他／16.0％以上 ※発泡性も規定	ヴィニフェラ種／16.0％以上 ラブラスカ種／13.0％以上 ヤマブドウ種・ハイブリット種 ／15.0％以上	ヴィニフェラ種／16.0％以上 ラブラスカ種／12.0％以上 その他／14.0％以上
製法の要件	補糖制限	甲州種（100％使用） ／10.0g/100mℓ ヴィニフェラ種（85％以上使用） ／6.0g/100mℓ その他／8.0g/100mℓ	補糖の重量の合計 ≦ 果実に含まれる糖類の重量	補糖の重量の合計 ≦ 果実に含まれる糖類の重量
	補酸制限	9.0g/ℓ 以下	原則不可 ※果汁糖度21.0％以上かつ補酸前の果汁の総酸値が7.5g/ℓ 以上の場合に限り、1.0g/ℓ まで可	6.0g/ℓ 以下
	除酸制限	総酸値を5.0g/ℓ 低減 させるまで	総酸値を2.0g/ℓ 低減 させるまで	総酸値を4.0g/ℓ 低減 させるまで

GI 長野	GI 大阪	EU（参考：米国）
7.5%以上20.0%未満 ※補糖15.0%未満 ※プレミアムワインは 　8.0%以上20.0%未満	9.0%以上 ※甘口は4.5%以上	8.5〜15.0% ※補糖なしの場合は20.0% （米国：7.0%〜24.0%）
350mg/ℓ以下 ※プレミアムワインは 　250mg/ℓ以下	190mg/ℓ以下	150〜4000mg/ℓ以下 （米国：350ppm以下）
1.2g/ℓ以下	0.98g/ℓ以下	赤／1.2g/ℓ以下 その他／1.08g/ℓ以下 （米国：赤／1.4〜1.7g/ℓ以下 　　　その他／1.2〜1.5g/ℓ以下）
4.5g/ℓ以上	3.5g/ℓ以上	3.5g/ℓ以上 （米国：制限なし）
50品種 ※品種で区分。品種を細分化	36品種 ※食用・食用以外で区分	GIごとに規定 （米国：表示に係る一定の制限あり）
ヴィニフェラ種／17.0%以上 ラブラスカ種（A類）／17.0%以上 日本系交配品種（A〜C類） 　／17.0%以上 等 ※プレミアムワインは細分ごとに設定	デラウェア／18.0%以上 （早摘み）12.0%以上 甲州／14.0%以上 その他／16.0%以上	
ヴィニフェラ種／7.0g/100㎖ ラブラスカ種（A種）／7.0g/100㎖ 日本系交配品種（A〜C類）／ 　7.0g/100㎖ 等 ※プレミアムワインは細分ごとに設定	補糖の重量の合計 ≦ 　果実に含まれる糖類の重量	1.5〜3.0% （米国：補糖後のマストの 　　　総糖含量の25.0%未満）
原料果汁の総酸値 7.5g/ℓ以上の場合／不可 7.5g/ℓ未満の場合／4.0g/ℓ以下	1.0g/ℓ以下	ワイン／2.5g/ℓ以下 マスト／1.5g/ℓ以下 （米国：最終製品の総酸が9.0g/ℓ未満）
総酸値を2.0g/ℓ低減させるまで ※プレミアムワインは不可	総酸値を1.0g/ℓ低減させるまで	1.0g/ℓ以下 （米国：最終製品の総酸が5.0g/ℓ超）

◎ワインラベルの表示例

《日本ワイン　表ラベル》

（表示内容）
①「日本ワイン」の表示、②地名の表示、③ぶどう品種の表示、④ぶどう収穫年の表示

A　ワインの産地名が表示できる場合

①日本ワイン

②東京ワイン
③シャルドネ
④2016

東京都で収穫したぶどうを85％
以上使用して、東京都で醸造し
たワイン

B　ワインの収穫地名が表示できる場合

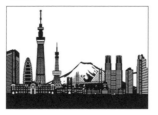

①日本ワイン

②東京ぶどう使用
③シャルドネ
④2016

東京都で収穫したぶどうを85％
以上使用したワイン

C 醸造地名が表示できる場合

①日本ワイン

②東京醸造ワイン
東京は原料として使用したぶどうの
収穫地ではありません。
④2016

東京都以外で収穫されたぶどう
を使用して、東京都で醸造したワ
イン

《日本ワイン 裏ラベル（一括表示欄）》
＊記載が必要な事項をまとめて表示した欄を「一括表示欄」という（以下同じ）。

```
日本ワイン＊1
品 目      果実酒
原材料名    ぶどう（日本産）＊1、＊2
            酸化防止剤（亜硫酸塩）
製 造 者    ワイン醸造株式会社
            東京都千代田区千代田○－○－○
内 容 量    720㎖
アルコール分  12％
```

＊1 日本ワインの一括表
示欄には「日本ワイン」と
表示されるほか、原材料
名及びその原産地名が表
示される。
＊2 「日本産」に代えて
地域名（「東京都産」等）
を表示することもできる。

《国内製造ワイン（日本ワインを除く）表ラベル》

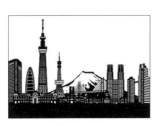

まろやかワイン
輸入ワイン・濃縮果汁使用

●濃縮果汁又は輸入ワインを原料としたワインの表ラベルには、その旨が表示される。
●国内製造ワインの一括表示欄には、原材料名及びその原産地名が表示される。

《国内製造ワイン（日本ワインを除く）裏ラベル（一括表示欄）》

品　　　目	果実酒
原 材 料 名	輸入ワイン（外国産） 濃縮還元ぶどう果汁（外国産）、 ぶどう（日本産）＊1、＊2 酸化防止剤（亜硫酸塩）
製　造　者	ワイン醸造株式会社 東京都千代田区千代田〇－〇－〇
内　容　量	720㎖
アルコール分	12％

＊1 原材料として使用した果実（ぶどう）、濃縮果汁（濃縮還元ぶどう果汁）、輸入ワインが使用量の多い順に表示される。
＊2「日本産」に代えて地域名（「東京都産」等）、「外国産」に代えて原産国名を表示することもできる。

《輸入ワイン（一括表示欄）》

品　　　目	果実酒
輸　入　者	ワイン醸造株式会社
所在地・引取先	東京都千代田区千代田○－○－○
内　容　量	720㎖
アルコール分	12％
原　産　国　名	○○

輸入ワインの一括表示欄には原産国名が表示される。
＊輸入ワインの表示ラベルに関する表示事項の規定はない。

COLUMN 世界のワイン法

（一社）日本ワイナリーアワード協議会 審議委員長
遠藤利三郎

世界各国のワイン法は大きく２つのタイプに分けることができる。

ひとつはフランスのワイン法を模本としたものである。EUではフランスのワイン法をモデルとした共通のワイン法に加盟国すべてが従っている。

EUのワイン法ではワインは３つの等級に分かれる。第一の等級は「原産地呼称保護ワイン（A.O.P.／Appellation d'origine protégée）と呼ばれ、高品質なワインとされる。産地名をラベルに記載するにあたり、地理的境界線、使用品種、栽培方法、醸造方法などの厳格な規制がある。フランスのA.O.C.にあたる。

第二の等級は「地理的表示保護ワイン（I.G.P.／Indication géographique protégée）であり、A.O.P.と比べると大きな地方名の表示で、生産規定も緩やかになる。フランスではヴァン・ド・ペイにあたる。

一番下の等級は「地理的表示のないワイン（S.I.G.／Vin Sans Indication Géographique）」、いわゆるテーブルワインで日常消費用の安価なワインである。

EU諸国はこの枠組みの中で、各国の事情に応じて独自のワイン法を施行している。たとえばイタリア、スペイン、ドイツなどはA.O.P.をさらに細分化し独自の等級を設けている。また将来EU加盟をめざす東欧諸国にもこれに準拠したワイン法を持つ国が多い。

フランスモデルに対し、もう一方はアメリカモデルである。アメリカのワイン法は自由度が高く、産地の地理的境界線のほかは、使用品種や醸造方法などほとんど制約がない。チリ、アルゼンチン、オーストラリア、ニュージーランドなど、一般にニューワールドと呼ばれる国々の多くがアメリカモデルのワイン法を導入している。

またヨーロッパでは産地名を、ニューワールドではブドウ品種名をラベルに大きく表示し、ワイン名とすることが一般的である。だが、近年は、ヨーロッパでも品種名を表示したワインが増えつつある。

国産ワインの表示に関する基準
（ワイン業界の自主基準）

法定の表示ルールに含まれない特定の用語については
ワイン製造者団体が自主基準を定めている。

本基準の概要

「国産ワインの表示に関する基準」は、1986年
に全国5つのワイン製造者団体で構成する「ワ
イン表示問題検討協議会*」が制定した自主基
準である。

　2015年10月に「果実酒等の製法品質表示基
準」が制定され、ぶどうの産地、品種及び収穫
年などの主要な表示ルールが当該表示基準に取
り込まれたことを受け、それまで自主基準で定
めていたこれらのルールを削除するとともに、
それ以外の特定用語（「シャトー」や「シュール
リー」など）を整理するなど、全般的な見直しを
行い、現在に至る。

　なお、ぶどうの産地、品種及び収穫年につい
て、果実酒等の製法品質表示基準では、原則と
して「85%ルール」を採用しているところ、本
自主基準では「75%ルール」を採用している。

* 日本ワイナリー協会、道産ワイン懇談会、山形県ワイン
酒造組合、山梨県ワイン酒造組合及び長野県ワイン協会
の5団体で構成される組織。

◎特定用語の使用基準

特定用語	表示のための要件
貴腐ワイン、貴腐	ほとんどが貴腐化されたぶどう（国産のものに限る）のみを使用し、発酵前の果汁糖度（転化糖換算）が30g/100㎤以上の醪から製造したワイン
氷果ワイン、アイスワイン	ほとんどが氷結ないし凍結したぶどう（国産のものに限る）のみを使用し、採果解凍前に搾汁して得られた果汁の発酵前の果汁糖度（転化糖換算）が30g/100㎤以上の醪から製造したワイン
クリオエキストラクシオン	人為的にぶどう（国産のものに限る）を冷凍し、当該冷凍により凍結したぶどうを圧搾して得られた糖度の高い果汁のみを使用して製造したワイン
冷凍果汁仕込	人為的にぶどう果汁（国産のものに限る）を冷凍し、当該冷凍により生じた氷を除去する方法により、糖度を高めた果汁のみを使用して製造したワイン
シュールリー	ぶどう（ぶどう果汁を含み、国産のものに限る）を原料として発酵させたワインで、発酵終了後びん詰時点までオリと接触させ、仕込後の翌年3月1日から11月30日までの間に容器に詰めたもの
限定醸造	ぶどう（ぶどう果汁を含み、国産のものに限る）を原料としたワインで、総びん詰本数を告知したもの
CHÂTEAU（シャトー）、DOMAINE（ドメーヌ）	製造したワインの原料として使用したすべてのぶどう（ぶどう果汁を含み、国産のものに限る）が、自園及び契約栽培に係るもの
ESTATE（エステート）	製造したワインの原料として使用したすべてのぶどう（ぶどう果汁を含み、国産のものに限る）が、自園及び契約栽培に係るもので、かつ、その製造に係る製造場が当該ぶどうの栽培地域内であるもの
元詰、○○元詰	ワインの原料として使用したすべてのぶどう（ぶどう果汁を含み、国産のものに限る）が、自園及び契約栽培に係るもので、かつ、当該ワインをその製造に係る製造場においてびん詰したもの
無添加	ぶどうのみを原料としたワインで、無添加の文言に連続して当該要因を表記したもの

出典／日本ワイナリー協会ホームページ

自治体独自の呼称制度

自治体独自の呼称制度は複数存在していたが
その役割は GI に置き換えられつつある。

　ワイン産地の中には、独自の呼称制度を設け、
ワイナリーと協力してワイン産業の振興などを
図っている自治体が存在する。その制度の概要
は以下のとおり。

甲州市原産地呼称ワイン認証制度
（山梨県甲州市）

認証基準
認証の基準は、次のとおり（甲州市原産地呼称ワ
イン認証条例 第6条）。

認証の基準	
	●食品衛生法の基準に適合し、かつ、酒税法で定める醸造酒類のうちの果実酒であって、原料ぶどうが次の基準を満たし、かつ、自社醸造されたものであること。 ① 山梨県産ぶどうであり、そのうち85パーセント以上が甲州市産ぶどうであること。 ② 品種は甲州種、欧州系醸造専用品種及び国内改良品種であること。 ③ 甲州種については、他品種とブレンドされたものでないこと。 ④ 糖度は、甲州種については15度以上、欧州系醸造専用品種については18度以上、国内改良品種については17度以上（第9条に規定する審査会が気象条件等により必要があると認めた場合は、品種の全部又は一部について1度を減じた糖度以上）であること。 ●ワインの製造方法及びワインのラベル表示が、規則で定める基準に適合していること。 ●甲州市原産地呼称ワイン認証条例第7条に規定する審査に合格したものであること。

認証マーク

出典／甲州市ホームページ

第2章

歴史

《執筆者》
仲田道弘
ワイン歴史研究家、山梨県立大学特任教授、
やまなし観光推進機構理事長

日本ワインの歴史

わが国のワイン造りはどのような変遷をたどったのか?
古代から現代まで、その流れを追う。

ブドウ誕生から日本への伝来

ブドウ誕生

　ブドウの原種の誕生は極めて古く、葉や種子の化石から、その祖先が出現したのは白亜紀と推測されている。白亜紀は約1億4500万年前に始まり、6600万年前の恐竜の絶滅とともに終わる。つまり、ブドウの原種は、恐竜が闊歩していた時代に出現したのであった。

　その後、現在まで続く第四紀氷河時代は約258万年前に始まったとされ、今日まで4万〜10万年の周期で氷期と間氷期(温暖期)がくり返されている。そして、この気候に沿うようにブドウは繁栄と衰退をくり返してきたのである。

　約7万年前に始まり1万年前(縄文早期)に終わった最終氷河期でもブドウはほぼ絶滅したが、南コーカサス、北アメリカ、東アジアでわずかに生き残った。

　これらのブドウは温暖期に再び繁殖を始め、各地に適応した進化を遂げて西アジア原種群、北アメリカ原種群、東アジア原種群の3つの原種群を形成した。

南コーカサスから中央アジアへ

　西アジア原種のシルヴェストリス種(雌雄異株)は、紀元前3000年頃に変異し、現在の栽培種であるヴィニフェラ種(雌雄同株)が誕生した。

　ヴィニフェラ種は、メソポタミアからエジプト、ギリシャを経て地中海沿岸諸国に伝わり欧州ブドウの名を得る一方で、古代ペルシアから中央アジアのトルキスタン諸国に伝播し東洋系ヴィニフェラ種群を形成した。

　ワイン発祥地は、紀元前6000〜4000年のジョージア、アルメニア、イランなどとする諸説がある。

中央アジアから中国へ

　ヴィニフェラ種のブドウは、長い間、中央アジアの乾燥地帯で栽培されてきたが、中国には伝わらなかった。両地域の間には、動植物が越え

中国莫高窟の壁画（618～712年頃）西方遠征隊を見送る武帝、左端でひざまずくのは遠征隊長の張騫。

シルクロードのブドウの産地。『黄土に生まれた酒　中国酒、その技術と歴史』花井四朗著（東方書店）

られないパミール高原やタクラマカン砂漠があるからだ。しかし、漢の武帝は、紀元前139年頃に張騫を西域に派遣。張騫はパミール高原の西にある大宛国、現在のウズベキスタン東部の都市フェルガナで、初めてブドウとワインに出会い、これを長安に持ち帰った。匈奴に捕まりながらの旅は10年かかったが、この功績により張騫はシルクロードの開通者といわれている。

ヴィニフェラ種がフランス・ボルドー地域に伝わったのが紀元1世紀というから、中国にもほぼ同時期に伝わったといえる。

古代ペルシアの一部であったフェルガナの言葉で、ブドウは「budaw」ブーダウである。この発音に中国では主に「蒲陶」、日本では「蒲桃、蒲萄」の文字を当てた。日本では、江戸時代までは「蒲桃、蒲萄」と表記することが多かったが、明治以降は主に「葡萄」の文字を用いている。

甲州ブドウのDNA解析

甲州ブドウは、ヴィニフェラ種の割合が71.5％、残りは中国の東アジア原種の刺ブドウ（ダヴィディ種）である。これは2013年11月、独立行政法人酒類総合研究所が公表した甲州ブドウのDNA解析である。

ブドウの葉緑体DNAの配列を調べたところ、甲州はヴィニフェラ種とは異なる母方の先祖を持ち、これが中国野生種のダヴィディ種に最も近いことが明らかとなった。甲州には新梢の付け根に小さなトゲがあり、これは母方の刺ブドウ譲りだったのである。

これにより、「南コーカサスからシ

ルクロードを通り、中国から伝播した」とされていた甲州ブドウの伝来が科学的に裏づけられたのである。

南コーカサスのアララト山とアルメニアのブドウ畑
（駐日アルメニア大使館提供）

💡 知識をプラス！

ノアの方舟とワイン

南コーカサスには、旧約聖書の「創世記」に、大洪水後にノアの方舟が漂着したとされるアララト山がある。大洪水とは氷河期が終わった雪解けによる洪水を指すともいわれ、ブドウもこのアララト山から派生したと伝えられている。漂着後ノアは農夫となり、ブドウ畑を作りブドウ酒を飲んで酔ったという記述も残る。現在、アララト山はトルコ領だがアルメニアの聖山で、大小2つの山は富士山が2つそびえ立つ形状を思わせる。ノアの方舟がアララト山に漂着したのが紀元前3000年頃とされ、これはヴィニフェラ種の誕生期とも重なる。これらから考えると、甲州ブドウはアララト山から富士山へと4000年の旅をしてたどり着いたともいえる。

古代〜奈良〜平安〜鎌倉時代 ＊各時代の始期終期は諸説ある。

現在、日本に残る東アジア原種は、ヤマブドウ、サンカクヅル、エビヅル、リュウキュウガネブなど7種類が確認されており、縄文前期の三内丸山遺跡などからはヤマブドウの種が見つかっている。

古事記（712年）、日本書紀（720年）

最初にブドウが登場したのは『古事記』である。イザナギノミコトが黄泉の国から逃げ帰ったときのこと。「黒御鬘を取りて投げ棄ちたまひしかば蒲子生りき」。つまり、「カツラを投げてエビカヅラ（ヤマブドウ）

が生った」という神話である。

日本書紀にもこの神話が紹介されているが、「蒲子」ではなく「蒲陶」となっている。

奈良時代（710〜794年）

奈良時代、中国から持ち込まれたいくつかの本草書（薬学書）にブドウの記述がある。また、ペルシアの瑠璃杯や海獣葡萄鏡、葡萄唐草文様も出現し、この頃ヴィニフェラ種が中国から伝わった可能性は否定できない。

しかし、この時代、モモの記録は

あるがブドウは見当たらない。鑑真が日本の平城京に到着した時（754年）も、シルクロード商人のソグド人も同行してさまざまなものが持ち込まれたが、ブドウの記録はない。

平安時代（794〜1192年）

　平安時代の中期、日本で書かれた最古の本草書『本草和名』（918年）にブドウの和名は初めて登場する。
蒲陶：於保衣比加都良（オオエビカヅラ）
山蒲陶：衣比加都良（エビカヅラ）

　この蒲陶が仏教とともに伝わったヴィニフェラ種と考えられる。「於保」は山葡萄より大きいという意味か。ただ、果物の献上品が多数記録されている『延喜式』（927年）にブドウはなく、栽培が始まったのは記録が残る室町後期以降と考えられる。

鎌倉時代（1192〜1333年）

　鎌倉初期の密教の図像集『覚禅鈔』には、仁和寺薬師像の直前に、右手にブドウを持つ薬師像の伝聞を紹介している。

　勝沼の大善寺にある薬師如来は、1905（明治38）年に重要文化財に登録された時にはブドウを持っていなかった。しかし、1930（昭和5）年の改修時に『覚禅鈔』を参考に右手にブドウを持たせたという。現在は、薬壺の代わりに左手にブドウを乗せている。

『本草和名』（国立国会図書館所蔵）ヤマブドウ（分類としては草類）とは別に果樹類としてブドウの和名が紹介されている。

『覚禅鈔』（国立国会図書館所蔵）「左手に宝印を取り左膝の上に置く。右手に葡萄を取るという」

室町時代（1336〜1573年）〜 戦国時代

ブドウ

室町中期、竹田昭慶の衛生書『延寿類要』(1468年)にブドウの記載があるが、中国の本草書を引用しただけの内容となっている。

1565年のポルトガル人宣教師ガスパル・ビレラの手紙によると、当時の京都ではブドウ栽培が始まりつつある状況が記録されている。

日本医学の祖といわれる曲直瀬道三(1507〜1594年)は『宜禁本草』にこれらのブドウを滋養強壮や天然痘などの薬として記載。弟子たちによって各地の大名に伝わり、1600年代には『宜禁本草』が和歌にされてブドウは広まっていった。

ワイン

日本人が最初にワインを飲んだのは、ザビエルの来日（1549［天文18］

『看聞日記』永享7年正月28日（国立国会図書館所蔵）日本で初めてワイン（唐酒）が飲まれた記録。

年）より100年以上前、明から輸入した中国ワインと考えられる。

後崇光院・伏見宮貞成親王（1372〜1456年）の『看聞日記』の1435（永享7）年の記述に「唐酒被出気味如砂糖其色殊黒」とある。「唐酒を出されて飲むと砂糖のごとく甘く、その色は非常に黒い」ということ。

中国では、すでに7世紀前半、唐の太宗が古代キリスト教宣教師を迎えるとともに、高昌国（トルファン周辺）を支配し馬乳葡萄を長安に植え、太宗自らワイン造りを始めたという。その後、宋の時代以降になると果汁を発酵させる方法に加え、麹を使った製法、果汁に焼酎を混ぜる製法、さらにはブランデーを蒸溜する方法などが本草書で紹介されている。

1466（文安3）年、京都相国寺の『蔭涼軒日録』に南蛮酒の記載があるが、まだ南蛮（ポルトガル・スペイン）の来日前であり、これは中国ワインと考えられる。

大航海時代に入り16世紀半ばにはポルトガルとの交易が始まる。南蛮ワインが大名に贈られた記録はあるが、輸入品の多くは、マカオの貿易拠点に集められた中国や東南アジアの商品だった。

ブドウを使った酒造りは、1580（天正8）年の『今古調味集』に「ブド

ウ液と酒を混ぜた製法」が出てくる。これは加筆された江戸時代の写本しか残っていないが、製法からすると中国の本草書の引用だと考えられる。

江戸時代（1603 ～ 1868年）

江戸時代になると、ブドウとワインの記録が多数残されている。

ブドウ

福羽逸人（ふくばはやと）による『甲州葡萄栽培法・上巻』（1881年）には、1601（慶長6）年の家康検地に「葡萄樹164本」の記録があるとしているが、該当する検地帳は確認できない。

松江重頼の俳書『毛吹草（けふきぐさ）』（1645年）に、五畿七道の名産として「山城・嵯峨の葡萄」が紹介されている。

『甲斐国志』によると、柳沢吉保の時代に甲府に樹木屋敷があり、1680（延宝8）年にはブドウが栽培され、幕府などの御用に供した残りのブドウが、入札で住民に払い出されていた記録がある。

黒川道祐の『雍州府（ようしゅうふ）（雍州府は現在の京都府南部）志』（1684年）には、嵯峨、京都大宮、丹波をブドウの産地としている。

人見必大の『本朝食鑑（ほんちょうしょっかん）』（1697年）には次のように記録されている。「昔は葡萄を賞味していなかった。『延喜式』（927年）にも載っていない。『和妙抄』（931 ～ 938年）にも詳しく

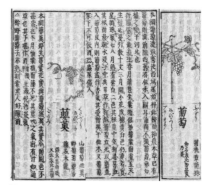

『和漢三才図会』（国立国会図書館所蔵）ブドウには、馬乳葡萄、水晶葡萄、紫葡萄、緑葡萄など6種があること。中国の張騫が西国から伝えたことも紹介している。

ない。近頃賞味するようになったのだろう。甲州が最も多く駿州（すんしゅう）がこれに次ぐ。ともに冬を越して江戸の市場で販売している。武州八王子でも多く出荷している。京都及び洛外では八・九月にだけ出荷している。西国でも同じである」

宮崎安貞の『農業全書』（1697年）には、「葡萄もいろいろある。水晶葡萄は白くすきわたって特に味も良い。また紫白黒の三色、大小、甘き酸（す）きもある」として、挿木・取木の方法、保存方法、干しブドウの製法などが記載されている。

『本朝食鑑』（国立国会図書館所蔵）

『和蘭薬鏡』（国立国会図書館所蔵）日本で初めてワインが醸造された記録が残る。

　1712（正徳2）年に完成した『和漢三才図会（さんさいずえ）』には、ブドウとヤマブドウの記載が図入りで存在し、竹で組まれたブドウ棚が紹介されている。

　正徳年間の検地で、勝沼のブドウ栽培面積（1714～1716年）は「菱山：2町8反、勝沼：5町、上岩崎：6町2反、下岩崎：6反」となっている。上岩崎は1843（天保14）年には13町4反と倍増している。

　仁井田好古の『紀伊続風土記』（1839年）には、ブドウは特に高野山から多く産出されているとしている。

　このように、江戸時代には各地で数種類のブドウが栽培されていたのである。

ワイン

　ワイン造りの製法は、戦国時代の『今古調味集』（1580年）をはじめとして、江戸時代に入ると『料理塩梅集』（1668年）や『本朝食鑑』（1697年）、十返舎一九らの『手造酒法』（1813年）に見られる。

　「蒲萄の搾り汁と皮をあわせて一晩寝かせる。これをろ過した液を炭火で2回煮沸して冷やす。その液に白酒、氷砂糖を加える。15日ほどで出来上がるが一年置くとなお良くなる。年を経たものは濃い紫色の蜜のようで、味はオランダのチンタに似ている。蒲萄の種類としては山蒲萄のえびづるが一番良い」（本朝食鑑）。

　この記録に代表されるように、戦国～江戸時代のブドウ酒は、中国式を習い、ブドウの搾り汁に焼酎や酒、砂糖などを混ぜたリキュールだった。

　江戸末期、オランダ語書物の翻訳が本格化した頃にはブドウの糖分をアルコール発酵する製法も紹介され、実際にワインを醸造した記録も残る。

　『厚生新編』は、フランス百科事典

のオランダ語版を、1811（文化8）年から30年かけて幕府で翻訳した書物。その33巻に「蒲桃酒」があり、45頁にわたって醸造法などが記載され、ワイン（ウェイン）という言葉も出現している。

「ワインは蒲桃を絞った汁を醸造した飲料。液汁で発酵していないものをマストと言い味は美にして甘い。ワインは蒲桃の精液（アルコール）にして胆汁の如く苦い」、「ワインを清澄する法は膠<ruby>膠<rt>にかわ</rt></ruby>や<ruby>魚鰾<rt>ぎょひょう</rt></ruby>を使う」、「（保存のため）酒に硫黄気を移す法は空樽の中で硫黄を燃やす」。

そして、『<ruby>和蘭薬鏡<rt>おらんだやくきょう</rt></ruby>』宇田川<ruby>榛斎<rt>しんさい</rt></ruby>訳（1819年）には、1817（文化14）年の秋、甲斐州市川村（現市川三郷町）の蘭学医で『断毒論』の著者、橋本善也（伯寿）らがオランダの製法により日本で初めてワインを醸造して酒石も製造し、薬店を江戸に開いて販売したという記録が残る。残念ながら橋本家は1832年に途絶え、現代につながるワイン造りは幕末の山田<ruby>宥教<rt>ゆうきょう</rt></ruby>まで待たなければならなかった。

なお、貝原<ruby>益軒<rt>えきけん</rt></ruby>の『大和本草』（1709年）には「ぶどう酒、ちんた、はあさ」などが列挙されているが、製法の記載はない。

明治時代（1868～1912年）

日本のワイン造りの始まり

横浜が開港（1859［安政6］年）されると、生糸などを輸出する商社がいくつも開設された。山梨からも甲州屋が開港と同時に出店し、店の2階では若尾逸平などの甲州商人や樋口一葉の祖父などが、ワインやビールを飲んだことが知られている。

当時は、年間約1000kℓのワインが主にフランスから輸入されて、街には酔っぱらいの水兵が溢れ、異人館では西洋の獣料理に赤ワインが頻繁に使われていた。

日本の本格的なワイン造りは、このような幕末、甲府の山田宥教に始まる。山田は山梨県甲府市広庭町（現武田3丁目）にあった<ruby>大翁院<rt>だいおういん</rt></ruby>という真言宗の寺院の<ruby>法印<rt>ほういん</rt></ruby>である。横浜の様

横浜の異人館の調理場『横浜文庫』（国立国会図書館所蔵）赤ワインが料理にも使われている様子がわかる。

山田宥教が建立したとされる歴代大翁院法印
記念碑（甲府市教昌寺）

詫間憲久の醸造方法の記事「甲府新聞」（明治
8年2月10日／山梨県立図書館所蔵）

子に刺激を受けた山田は、寺の周辺の山に自生していたヤマブドウを使い、明治維新以前から自分の寺で試醸を進めていた。そして、1870（明治3）年頃にワインとしての形が見えてきたため、八日町で造り酒屋を営む信者の詫間憲久と共同し商品化を目論んだ。

1874（明治7）年秋には、詫間の酒蔵で甲州ワイン860ℓ、山ブドウの赤ワイン1800ℓが生産され、翌年1月に約4000本のワインが東京・日本橋や甲府で売り出された。

1875（明治8）年2月10日付の甲府新聞には、詫間の詳細なワイン製造方法が残され、同年9月の読売新聞には「酒も日本酒、甲州製の葡萄酒か麦酒を飲もう」との記事が掲載されている。

1873（明治6）年1月、のちに県令となる熊本出身の藤村紫朗が山梨県に赴任。「勧業授産の方法」を同年3月に大蔵省に具申した。「ブドウをそのまま売るのではなくワインにして外国人に売ると利益は数倍となる。この製法も興隆する」と。藤村はこの計画に基づき甲府城跡にブドウ園など勧業試験場の整備を進め、1876（明治9）年6月に完成。県内学生向けに農業伝習所を設けている。

また、1875（明治8）年から3年半ドイツのガイゼンハイム・ブドウ酒学校に留学していた桂二郎に2000円の留学資金を貸し付け、1879（明治12）年の帰国後はこの勧業試験場で働くように手を打った。二郎は総理大臣・桂太郎の弟である。

こうした明治初期のワイン造りの動きは、1875（明治8）年創業の青森県弘前の藤田醸造場など、島根県、長野県、滋賀県、福井県にもあった。

国は当初は殖産興業政策をとり、ワインの国産化を支援していた。1870（明治3）年から開拓使が東京、

北海道でブドウの試験園を開設し海外から苗を輸入。1872（明治5）年大蔵省が内藤新宿試験場を開設し、翌年これを引き継いだ内務省は1873（明治6）年のウィーン万博で得たブドウ栽培とワイン醸造の技術を導入、1875（明治8）年にこの技術を『独逸農事図解』として発行した。

また、1876（明治9）年に札幌葡萄酒醸造所、1877（明治10）年に三田育種場を開設。1881（明治14）年には欧州ブドウでのワイン造りをめざし、兵庫県に播州葡萄園を開設している。

第一回内国勧業博覧会に出品

1876（明治9）年2月、内務卿の大久保利通は翌年2月に内国勧業博覧会を開催する旨の建議を申し立てた。

その頃、藤村は山梨県内に葡萄酒醸造所を設置することを考えていたが、博覧会までに建設してワインを醸造するには時間がなかった。そこで、山田と詫間が造っていたワインを利用して出品することにし、金融会社の興益社（1874年）を設立した栗原信近（山梨中央銀行初代頭取）に命じ、津田仙の指導を仰ぐこととした。

津田は、佐倉藩出身で江戸幕府の通訳。1873（明治6）年のウィーン万博ではオランダ人農学者に師事、帰国後は東京で学農社を創設して農学教育を行うとともに、苗木会社も

甲府城跡の山梨県立葡萄酒醸造所。大藤松五郎が責任者となって9棟が建設された（山梨県立図書館所蔵）

経営していた。

彼は内務省内藤新宿試験場に勤務していた同郷の大藤松五郎を1876（明治9）年6月に甲府に送り込み、山田と詫間の現状を把握させ、藤村県令に陳情する形でまずは不足する醸造器機を整備させた。

大藤は、幕末に職を失った会津藩士の移民のため、1869（明治2）年5月に渡米。スイス人ワイン醸造家などとカリフォルニアで若松コロニー建設に取り組み、以後8年間ワインに携わって1876（明治9）年1月に帰国した人物である。

大藤は6月に引き続き9月にも山梨県を訪れ、詫間のワイン造りを指導しながら県立葡萄酒醸造所を建設した。そして、藤村の思惑どおり博覧会直前の7月に県立醸造所はオープンし、山田と詫間のワイン造りを吸収していった。

博覧会は1877（明治10）年8月に上野公園で開幕し、県庁勧業場の名

明治12年頃、山梨県立葡萄酒醸造所の甲州ワインのラベル（東京大学田中芳男・博物学コレクション『捃拾帖』）

『三田育種場着手方法』（国立国会図書館所蔵）内山平八と勝沼の2人の青年はボルドーワインを目的にフランス研修へ行った。

前で詫間のワインから造ったブランデー13点が出された。また、詫間の名前で、ブドウ酒、苦味ブドウ酒、スイートワイン、ブランデーが出品され、銀賞を獲得している。

大藤の最も大きな功績は、二酸化硫黄を用いた甘口ワインの醸造方法を日本に伝えたことにあった。甘口ワインの課題は、ワインの中に糖分が残っているため再発酵や微生物汚染が進むこと。大藤は発酵樽の中で硫黄を燃やして生じた二酸化硫黄を、果汁に溶け込ませながら醸造を行うことで再発酵などを防いだ。これが明治のワインの品質を大きく高めた。

クラレットのような赤ワインを

この勧業博覧会に出品されたワインは、主催した大久保利通や内務省の前田正名の目に留まった。折しも

前田は、フランスから100種類ものブドウ苗を持ち帰り、場長として東京に三田育種場を整備していたところであった。前田は、赤ワインの出品がないことを不満に思った。前田が記した「三田育種場着手方法」では、育種場設置の目的のひとつに「ボールドワイン」（ボルドーワイン）があったからである。

この時、前田はパリ万博（1878［明治11］年）への渡航に合わせ、三田育種場で栽培を担当する内山平八を同行させ、種苗商バルテ（トロワ）、ヴィルモラン（パリ）などの下でブドウ栽培法を身に着けさせようとしていた。このため、山梨からも実習生を出すよう急きょ藤村に依頼したのである。出発を10月に控え時間は1ヵ月しかなかった。

内山は、パリ万博で日本庭園を造

るとともに、1881（明治14）年には「フランス、イタリアブドウ栽培場の地形並びに土質」について講演をしている日本を代表する樹木の専門家であった。

そこで藤村は、内務省から1877（明治10）年3月に招聘していた城山静一に、研修生の人選と資金調達を命じた。この時選定されたのが、祝村の高野正誠と土屋龍憲であった。高野正誠は、「明治初年、醸造練習生として県の選抜を受け、仏国に留学した」との記述を残している。

城山は、2人の研修費3000円を目途に資金調達に奔走し、約2000円を県内各地の経済人から集めて祝村に会社を興し、不足する1000円は県が貸し付けることとした。二人の帰国から1年半後、1881（明治14）年1月に大日本山梨葡萄酒会社が資本金1万4000円で設立され、その資金から事前に集められた研修費の3000円が返還されている。

1877（明治10）年10月10日、前田に連れられ、内山とともに横浜港を出発した高野正誠と土屋龍憲だが、この研修にあたって県の城山から課された課題はただひとつ。「カラリット」を造れるような技術を身に着けて帰ってくることだった。カラリットとはクラレットのことで、ボルドー赤ワインの英語での愛称。つまり、内国勧業博覧会に出品されな

かった赤ワインを醸造することが研修の目的だったのである。

2人が帰国したのは1879（明治12）年5月、出発から1年7ヵ月後だった。カラリットの意味がわからなかったこと、最後まで言葉の壁が厚かった苦労などが2人の記録に残されている。

しかし、2人が帰国しワインを造り始めた頃から、国の勧業政策が大きく変化し始める。1878（明治11）年に大久保利通が暗殺され、1881（明治14）年大隈重信が失脚。松方正義が大蔵卿となると緊縮財政を進め、1886（明治19）年までに勧業施設を次々と払い下げ、国はワインの国産化から手を引いていったのである。

ブドウ栽培とワイナリーの建設

桂二郎を師と仰ぐ祝村の高野積成の日記によると、桂は約3年半のドイツワイン留学ののち、すぐに山梨県の勧業試験場に着任している。そこで、大藤松五郎とともに長野、東京、長崎、高知など全国から研修生を受け入れ、ワインとブドウの実践と指導を行っている。

1881（明治14）年4月、山梨県から内務省に引き抜かれた桂は、農商務省の技官として全国のブドウ栽培の指導と、兵庫県にある播州葡萄園のワイン醸造に従事した。しかし、開拓使の廃止に伴い1883（明治16）年

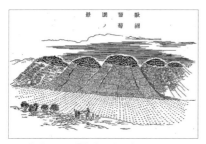

欧州葡萄園の景『葡萄栽培新書』桂二郎（国立国会図書館所蔵）山裾までブドウ畑を開拓することを目的とした様子が見て取れる。

末には、札幌葡萄酒醸造所へと赴任することになる。

　高野積成は祝村のブドウ専門家。2人の青年のフランス研修には進んで出資し、1878（明治11）年にいち早く赤ワイン用のアジロンダックなどを導入している。また興業社を興し、津田仙や小澤善平ら400名と西洋ブドウ栽培を進めた人物である。

　1881（明治14）年を最後に、大日本山梨葡萄酒会社の本格的ワイン造りが途絶えたため、1882（明治15）年高野積成は祝村戸長の雨宮彦兵衛とともに、栃木の野州葡萄酒会社設立発起人となった。翌年一家で移住し、17haの開拓に携わる。この時、土屋龍憲も一緒に祝村を離れている。

　ワイン用のブドウ栽培は、1880（明治13）年以降急激に増加し、1883（明治16）年からの3年間は全国でブームとなった。1885（明治18）年の全国の西洋ブドウ栽培家は945人。このうち愛知県は262人でブド

ウ樹の本数も33万本に達し、全国67万本の半数を占めていた。

　中でも、愛知県知多郡小鈴ヶ谷村で造り酒屋を営んできた第11代の盛田久左衛門は、1880（明治13）年、山林20haの払い下げを受けて開墾を進め、翌年春には桂二郎や大藤松五郎の指導を仰ぎ、欧州ブドウを植えた。三田育種場の内山平八らとも交流を持ち、畑は50haまで広げられ、1885（明治18）年には大藤にワイナリー建設の指導も受けている。この盛田葡萄園は、現在勝沼にある盛田甲州ワイナリーに引き継がれている。

　また1882（明治15）年、弘前の藤田久次郎は桂二郎の指導を仰ぎ、ピノ・ノワールなどの欧州種を導入している。

　明治20年代、国が国産ワインから離れても、高野正誠の富士山麓峡中地域の1616.6haの一大ブドウ園開設構想、高野積成の箱根仙石原などの大規模開拓、土屋龍憲も1895（明治28）年に勝沼休息で大規模な開拓を進めている。

　これらに呼応するように、新潟の川上善兵衛は土屋龍憲や高野積成にブドウとワイン造りを学び、岩の原葡萄園20haを開拓、1895（明治28）年には石蔵醸造場も建設した。また、小澤善平も妙義山麓で50haの開拓を始め、1898（明治31）年には、香

明治期最大のワイン会社、甲州葡萄酒株式会社の広告。「山梨時報」（明治34年／山梨県立図書館所蔵）本社は甲府で、甲府や祝村など県内に4ヵ所の醸造所、東京・大阪に支社があった。

窗葡萄酒で成功した神谷傳兵衛が茨城県牛久で23haを開墾、フランス型シャトーを建設した。山梨でも宮崎光太郎の大黒天印甲斐産葡萄酒や土屋龍憲のマルキ葡萄酒が生まれ、さらには明治期最大だった高野積成創設の甲州葡萄酒株式会社（1897[明治30]年創業。現サドヤ醸造場）が設立された。

また、明治30年代にかけ、栃木県那須野原、神奈川県保土ヶ谷、愛媛県温泉郡、長野県桔梗ヶ原などでもブドウ畑が開拓され各地にワイナリーが誕生している。

そして、1899（明治32）年には高野積成によって国産ワイン愛飲運動も始まった。

1910（明治43）年、東京の小山新助は山梨の登美村（現甲斐市）の官有地150haの払い下げを受け、ここを開拓して1913（大正2）年には大日本葡萄酒株式会社が発足。桂二郎の仲介でドイツ人技師のハムが欧州種への改植を進めたが、次第に農場は荒廃していった。

明治期が終わって1914（大正3）年には、全国の醸造場は427場となり、460kℓのワインが製造されるようになった。

立ちはだかったフィロキセラ

桂二郎は、全国の欧州ブドウ栽培の先頭に立ったが、行く手を阻んだのはフィロキセラ（ブドウネアブラムシ）だった。1882（明治15）年に桂が出版した『葡萄栽培新書』には、フィロキセラが寄生するとその木は5年で枯死し、木を焼却するしかないと指摘。苗木の輸入時に最大限の注意を払うべきだとしていた。

しかし、1885（明治18）年5月14日、三田育種場でフィロキセラが発見される。この時、三田では30万本の木を焼却したが、その後、播州葡萄園や520haの欧州ブドウ畑をめざしていた盛田葡萄園も、フィロキセラにより全滅していった。このため、明治期の西洋ブドウ栽培は、比較的病気やフィロキセラに強い米国品種が主流となっていった。

播州葡萄園の責任者であった福羽逸人は欧州研修から戻り、1896（明治29）年に『果樹栽培全書』を出版。

『葡萄栽培新書』桂二郎（国立国会図書館所蔵）フィロキセラはフランスのブドウ畑もほぼ全滅させた。

赤玉ポートワインのポスター。大正時代には甘味ブドウ酒のシェアは8割になった。

抵抗性がある米国種の台木に欧州種の穂木を接木する予防法を初めて紹介している。

　山梨県では、1910（明治43）年にフィロキセラの被害が確認された。このため県では、1913（大正2）年に抵抗性台木を輸入し、県下各地に配付した。しかし、1923（大正12）年には被害面積は発生時の10倍の450haに拡大。成木ブドウの植え換えは困難を極め、結局、第2次大戦後まで被害は衰えることはなかった。

甘味ブドウ酒とともに生き残る

　「ワインで国家を潤す」意欲で挑戦を続けた明治の開拓者達だったが、日清戦争（1894年）、日露戦争（1904年）の特需以外、ワインはその地位を確立することはできなかった。主

に消費者にワインの酸味が受け入れられなかったためである。

　そんな中、1881（明治14）年に神谷傳兵衛が開発した甘味ブドウ酒は、大きな成功をもたらした。これは、1886（明治19）年に蜂印香竄葡萄酒として商標登録され、販売を担当した近藤利兵衛の絶妙な宣伝によって売上げを大きく拡大していった。

　1885（明治18）年8月の読売新聞に香竄葡萄酒の製法が「鉄と機那とを配合した物なり」と紹介されている。機那とは南米原産の木で、樹皮はマラリアの特効薬や胃腸薬として用いられる。つまり、香竄葡萄酒とは甘口に仕立てられた薬用ワインだったのである。

　この甘味ブドウ酒の出現を通し、日本ではワインは食卓から離れ、薬

市場に収まっていった。そして、香竄葡萄酒から1907（明治40）年の赤玉ポートワイン（現サントリー赤玉スイートワイン）までの間、甲斐産商店のエビ葡萄酒、土屋第二商店のサフラン葡萄酒など多くの甘味ブドウ酒が市場を拡大していった。

広告では、「甘いので女性や子供も飲める」、「朝晩一杯ずつ」という文字も見られ、健康のための薬として宣伝された。酒の自家醸造の禁止が1899（明治32）年、未成年の飲酒禁止が1922（大正11）年という時代のことであった。そして甘味ブドウ酒が人気になればなるほど、国産ワインは甘味ブドウ酒の原材料として組み込まれていった。

大正～昭和時代（1912～1989年）

赤玉ポートワインが発売され甘味ブドウ酒はさらに市場を拡大し、1918（大正7）年にはワイン市場における甘味ブドウ酒のシェアは8割にもなった。このため、ワインの醸造税は1938（昭和13）年まで非課税であったが、甘味ブドウ酒には醸造税が課されていた。

川上善兵衛の偉業

このような状況でも川上善兵衛は、1890（明治23）年から30年にわたり、国内外のブドウ約500種を入手し栽培試験を続けてきた。しかし、品質が高く新潟で量産できる品種が見つからないため、1922（大正11）年、53歳の時に品種交配に取り組むことを決意。以降1万311回の交配を行った。

川上善兵衛を助けたのが寿屋（現サントリー）創業者の鳥井信治郎である。次第に軍国主義に傾き、甘味ブドウ酒の原料になる外国ワインの調達が困難になってきたこともひとつの要因であった。

のちにマスカット・ベーリーAと名付けられる交雑番号3986（サンキュウパーロク）は1927（昭和2）年に交配し、1931（昭和6）年に結実。母はアメリカ種のベーリー、父は欧州種のマスカット・ハンブルグ。川上善兵衛は坂口謹一郎東大教授とワインにした時の官能試験を行い、1940（昭和15）年に22品種を公表した。

鳥井信治郎は1936（昭和11）年に山梨県登美村の荒廃したブドウ園150haを取得し、寿屋山梨農場（現登美の丘ワイナリー）として、川上善兵衛の交配品種を植えた。

●ピノー・ノアー　Pinot Noir.

ノアリン或はクロード・ゲージョの名あり

佛國原産なり

樹は淡褐色にして節最も短かく蕚蜜滑かなり葉の大さ中等にして浅き裂目あり

裏は僅かの綿毛を帯び成長良好なり

小粒小穂濃濃黒色にして稠密着す皮厚く肉軟かく最も甘味に富むを以て濃醇にして欧米の最良酒は多く此種の色澤及び佳香に富みたる美酒を醸造するには此葡萄の種類多しと雖ども此種の赤酒を醸するに用ふべし最上の赤酒を醸造するには此葡萄の種類多しと雖ども此種の無きを以て収穫少なしと雖ども早熟種にして病害少なきを以て本邦各地に於ても十分好結果を得べし

川上善兵衛のピノ・ノワールの評価
『葡萄提要』（国立国会図書館所蔵）

💡 知識をプラス！

川上善兵衛の欧州ブドウの評価
1908（明治41）年に出版した『葡萄提要』に、川上善兵衛の欧州ブドウに対する評価がある。「メルローは樹性健康にして成長良好。上等なる赤酒の醸造に用いるべし」とする一方で「収穫は多くない。この種に限らず上等種類は豊産なるものなし。これが美酒の値が安くならない原因か」とし、ピノ・ノワールも同様としている。つまり欧州種の問題点は、風土が合わず栽培できないことではなく収穫量だったのである。

ワインは軍事物資

　ワインの酒石酸からは音波を捉えるロッシェル塩が製造され、潜水艦探知機で利用される。1942（昭和17）年のミッドウエー海戦の敗戦後、海軍は全国に酒石の採取を働きかけ、酒石は甲府のサドヤ醸造場に集められた。勝沼では、海軍から資金を得て日本連抽社を設立しロッシェル塩を製造した。ここは現在のメルシャン勝沼ワイナリーとなっている。

　このため、1934（昭和9）年のワイン製造量2450kℓが、1945（昭和20）年には3万4200kℓと10年余りで14倍となった。

　敗戦後の1951（昭和26）年になると、全国の生産量は6191kℓとなり、日本のワイン造りの再スタートが切られた。

品質向上と信頼回復

　1947（昭和22）年、山梨工業専門学校（現山梨大学）に発酵研究所が設置され、1949（昭和24）年、県や国税庁と共同して、酸敗ワイン一掃のため県内204場に立ち入り検査を行った。結果、実に4割が酸敗ワインであった。

　1967（昭和42）年、山梨県と県果実酒酒造組合が、坂口東大教授を委員長とする葡萄酒鑑評会を開催し、今日まで続く。

　1976（昭和51）年、日本の食文化

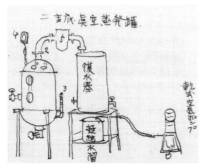

ロッシェル塩製造法（サドヤ醸造場所蔵）

の向上のため日本ソムリエ協会が設立された。

1985（昭和60）年、オーストリア産の貴腐ワインに入っていたジエチレングリコール（不凍液）が山梨県産ワインから発見され、国産ワインに輸入ワインが混入していることが明らかとなった。信頼回復に向け、翌年、北海道、山形県、山梨県、長野県の各ワイン組合などと日本ワイナリー協会により「国産ワインの表示に関する基準」が策定され、施行された。

度重なるワインブームで成長

ワインの消費拡大は、1964（昭和39）年、東京オリンピックの頃に始まり、1970（昭和45）年の大阪万博で洋食文化が浸透したことで弾みをつけ、1975（昭和50）年にはワインが甘味ブドウ酒の消費量を上回った。

その後、日本のワイン消費はいくつかのブーム（17頁参照）で消費量がぐっと伸びた後に落ち着き、階段を上るように着実に成長してきた。

1994（平成6）年には、輸入ワインの消費量が国産ワインを上回った。1995（平成7）年の第8回世界最優秀ソムリエコンクールでは田崎真也氏が優勝、日本にワインが定着していく立役者となった。

平成～令和時代（1989年～）

明治期にフィロキセラで挫折した欧州種ブドウ栽培への再挑戦は、1936（昭和11）年に甲府のサドヤ農場で始まり、1950年代にサントリー登美の丘で本格化する。そして1970年代には、北海道鶴沼、山形県上山、長野県桔梗ヶ原などで進められ、平成に入ると全国に広がってきた。

欧州種ブドウ畑の拡大

1989（平成元）年、勝沼の丸藤葡萄酒は垣根式で欧州種ブドウの栽培を始め、中央葡萄酒は2002（平成14）年北杜市に12haの畑を開拓。中央葡萄酒のシャルドネのスパークリングは、2016（平成28）年イギリス・ロンドンのコンクールでアジア初のプ

ラチナ賞を獲得した。

世界的に競争力を持つ地理的表示（GI）が可能なワイン産地として、2013（平成25）年に山梨県、2018（平成30）年に北海道、2021（令和3）年には山形県、長野県、大阪府が国税庁長官から指定された。

また、2015（平成27）年には、国税庁がブドウの産地や品種などの「製法品質表示基準」を定め、2018（平成30）年に施行。その地域のブドウをその地域で醸造しなければ、地名ワインを名乗ることができなくなり、国内でのブドウ畑の拡大やワイナリーの建設が加速し始めた。

2019（平成31）年、長野県上田市ではメルシャンが20haを超える自社畑にワイナリーを併設し、長野県産ワインの醸造に踏み切った。また、地方創生の動きに伴い個人や企業の参入も進み、ほぼすべての都道府県

1989年丸藤葡萄酒（1890年創業）の垣根式西欧ブドウ畑の開拓。

でワイナリーが開設された。

ただ、現在の日本ワインの出荷量は約1万6000kℓで、輸入ワイン、海外原料ワインを含めた全流通量の5％にすぎない。また、日本ワインの約35％が日本品種、約30％が米国品種、約20％が欧州品種である。

甲州の再評価と輸出

一方、甲州ワインは、新酒ワインブーム時（1987年）には1万kℓの生産があったが、2003（平成15）年には2000kℓにまで落ち込んでいた。

2001（平成13）年、グルメ漫画の草分け『美味しんぼ』は、和食と甲州ワインとの相性のよさを7週連続で取り上げた。ここから甲州ワインは和食との相性でマーケットを開拓する戦略が可能となった。

その後、科学的な分析もされ、ワインの鉄分と魚の酸化脂質が混ざり合うことで、生臭み成分が生じることがわかった。甲州ワインは繊細で鉄分が少ないため、和食や生魚との相性がよかったのである。

その延長線上に、和食とともに世界に挑戦するKOJ（Koshu of Japan）ロンドンプロモーションが2010（平成22）年から始まった。補糖制限などEUの厳しい基準でワインを醸造して品質を高めた甲州ワインは、ロンドンのコンクールでプラチナ賞や金賞を獲得するまでになった。現在

『美味しんぼ』©雁屋 哲・花咲アキラ・小学館

2010年KOJロンドンプロモーション

の生産量は3000〜4000kℓとなり、日本ワインの約2割を占めている。

消費者に近づくワイン

2003（平成15）年、国産ワインコンクール（現日本ワインコンクール）が創設される。日本ワインの品質を消費者にPRする初めての取り組みであった。

ワイナリーにおいても、2000年前後から有料試飲、ワイナリーツアーなどワインファンを育てる体制が整い始め、メディアやSNSで情報が拡散していった。これが2008（平成20）年にスタートした「ワインツーリズム山梨」につながり、今では北海道、岩手県、山形県、長野県などに広がっている。

この間、「日本ワインを愛する会」など、消費者が日本ワインを支える仕組みもでき始めた。2018（平成30）年に日本ワイナリーアワードの創設、2019（令和元）年には山梨県が「ワイン県宣言」をするなど、消費者との距離が一段と縮まっている。

その流れの中、世界でナチュラルワインが注目されてきた。2020（令和2）年にINAO（フランス原産地名称呼称委員会）が示した基準によると、ナチュラルワインとは、オーガニックでのブドウ栽培に加え、醸造工程でも自然発酵を基本とし補糖や補酸はもちろん、亜硫酸などの添加剤を使わないワインのこと。発酵後の最終段階では出荷管理のため最小限度の酸化防止剤の添加（30mg／ℓ）は認められている。

消費者とワインが近づく時代、ワインツーリズム、オーガニックやナチュラルワインのような流れは、ワイナリーにとって避けて通れないものとなっている。

◎明治期ワイン造りの全貌

赤ワイン（カラリット）必要
三田育種場着手方法

藤村紫朗

幕末〜 試醸　M3〜 共同試醸
M7 4000本醸造

山田宥教・詫間憲久 ●●●●●

↓　　　M8 売出（甲府、日本橋）

○1万瓶の醸造（大藤指導）

↓　　M9.9〜 内務省1000円貸付

○第一回内国勧業博覧会出品（詫間のワイン）
大久保利通 M9.2 建議 → M10.8〜11開催

（熊本藩→長州藩）

M6.1 山梨県赴任
M6.3 勧業授産方法
M7 県立製糸場
M9 県立勧業試験場

山梨県立葡萄酒醸造所の設立

M10.7（5750円）〜18.1　M12 内務省1万5000円貸付

栗原信近

城山静一
フランス研修のため
資金調達、研修生人選

[醸造学]
**アトキンソン
高松豊吉
西川麻五郎**

訪問

幕末 アメリカ
M6 ウィーン万博
M8〜 農学社
津田仙

播州葡萄園

福羽逸人

桂二郎
（長州藩）

フランスで面会

M8〜12 ドイツ留学
M12〜14 山梨
M14〜17 内務省
　→農商務省
M16〜 札幌
大日本麦酒

学農社農学校
農業雑誌

山梨県立
葡萄酒
醸造所勤務

M16〜
野州葡萄酒会社へ

出張
（1）M9.6
（2）M9.9〜

甲府へ

栽培指導

藤田久次郎
盛田久左衛門

指導→

大藤松五郎
M2.5〜9.1 アメリカ
M10.4〜M21 山梨県庁

高野積成

幕末 葡萄、生糸
M10 祝村葡萄酒会社
M12 興業社
M16 野州葡萄酒会社
M20〜 葡萄畑開拓運動
M30 甲州葡萄酒株式会社
　（現サドヤ醸造場）
M32 葡萄酒愛飲運動
M37 富士葡萄業伝習所構想

前田正名

仏国農務省
チッスラン

（薩摩藩）

岩倉具視使節団
大蔵卿→内務卿
大久保利通

（薩摩藩）

M14 大蔵卿
松方正義

M 元〜10 フランス
M10 三田育種場
M11 パリ万博

大隈重信
M14 の変

M11.6 暗殺

緊縮財政・デフレ
殖産興業転換

興業意見

内山平八

池田謙蔵
曲直瀬愛
片寄俊

バルテ
ジュポン

M15.4
興業資金拝借悃願書

祝村葡萄酒会社
M10 設立

M10.10〜12.5 フランス研修
大日本山梨葡萄酒会社 M14〜19

M23 葡萄三説
1616ha 開拓構想

（醸造担当）

（販売担当）

土屋龍憲
土屋合名会社
（現まるき葡萄酒）

甲斐産
葡萄酒

高野正誠
高野園酒造場

宮崎光太郎
甲斐産商店
→大黒葡萄酒（宝酒造経営）
→オーシャン
（現メルシャン勝沼ワイナリー）

小沢善平
栽培醸造指導↘

葡萄栽培指導→

鳥井信治郎
寿屋（現サントリー）
赤玉ポートワイン
サントリー登美の丘ワイナリー

川上善兵衛
岩の原葡萄園
栽培→育種
（交配1万311回）

神谷傳兵衛
香竄葡萄酒
合同酒精
牛久醸造場（現牛久シャトー）

日本ワイン史年表

これまでで解説した日本ワイン史の概要を年表で追う。

◎日本のブドウ・ワインの歴史年表
＊明治＝M、大正＝T、昭和＝S、平成＝H、令和＝R

【奈良〜平安〜鎌倉〜室町時代】	
712年	日本の文献で最初にブドウが登場したのは『古事記』。原種のエビカヅラ
918年	日本最古の薬草書『本草和名』に、ヤマブドウに加えブドウの和名が初めて登場。この頃、甲州など中国のヴィニフェラ種などが日本に伝わった
927年	『延喜式』の献上品にブドウの記載はなく、栽培化は室町後期以降
1200年頃	鎌倉初期の『覚禅鈔』に、右手にブドウを持つ薬師像の伝聞が記録
1435年	『看聞日記』「唐酒を飲んだら砂糖のごとく甘く色は黒い」中国ワインの記録
1549年	フランシスコ・ザビエル鹿児島上陸。大名などにワインを献上
1580年	『今古調味集』に「ブドウ液と酒を混ぜたブドウ酒の製法」が記載
1592年	勝沼の坂本家古文書に「ブドウ畑1町8反3畝18歩」の記録（勝沼町誌）
【江戸時代】	
1645年	『毛吹草』に日本の名産として「山城・嵯峨のブドウ」が記載
1668年	『料理塩梅集』に「ブドウ液と酒を混ぜたブドウ酒の製法」が記載
1680年	甲府に樹木屋敷があり、「樹木畑でブドウを栽培し献上していた」記録
1697年	『本朝食鑑』にブドウの歴史と「ブドウ液と酒を混ぜたブドウ酒製法」が記載 『農業全書』には「ブドウは紫白黒の三色がある」と記載
1712年	『和漢三才図会』には、竹で組まれたブドウ棚の絵が記載
1714〜1716年	勝沼の栽培面積は「菱山2町8反、勝沼5町、上岩崎6町2反、下岩崎6反」。1843年には「上岩崎13町4反」と倍増
1811〜1840年	『厚生新編』33巻にフランスの醸造法が記載。ウェイン（ワイン）が初登場
1817年	『和蘭薬鏡』に「甲斐州市川村（現市川三郷町）の蘭学医橋本善也（伯寿）が日本で初めてワインを醸造し酒石も製造。薬店を江戸に開いて販売した」記録
1859年	横浜開港。甲府の大翁院の山田宥教が、明治前からヤマブドウでワインを試醸
【明治時代】	
1868年（M1）	明治へ改元
1869年（M2）	千葉の大藤松五郎が若松コロニー建設のため渡米し、8年間ワインに携わる

1870年（M3）	開拓使が東京、北海道でブドウの試験園を開設し、海外から西洋苗を輸入
1870,71年（M3,4）頃	甲府の山田宥教は、詫間憲久と共同してワインの商品化を目論む
1872年（M5）	大蔵省が内藤新宿試験場を開設し、西洋ブドウを栽培
1873年（M6）	熊本出身の藤村紫朗が山梨県に赴任。ワインなどの勧業振興策を大蔵省に具申 内務省はウィーン万博でブドウ栽培、ワイン醸造技術を入手して、1875（M8）年『独逸農事図解』発行
1874年（M7）	甲府の詫間憲久の酒蔵で「甲州ワイン860ℓ、山ブドウの赤ワイン1800ℓ」が生産され、翌年1月から東京・日本橋や甲府で販売
1875年（M8）	桂二郎がドイツのワイン学校に3年半留学（1875年11月～1879年7月）。藤村紫朗は、留学後は県立勧業試験場で働くよう留学資金2000円を貸し付ける
1976年（M9）	6月：山梨県立勧業試験場完成。農業伝習所を併設。米国から帰国した大藤松五郎が、9月から詫間憲久のワイン造りに参加し、県立葡萄酒醸造所も建設。9月：開拓使が札幌葡萄酒醸造所を設置
1877年（M10）	7月：山梨県立葡萄酒醸造所開所、秋には3万本のワインを醸造し販売 8月：第一回内国勧業博覧会開催、詫間憲久のワインが出品され銀賞受賞 9月：三田育種場開設、前田正名が初代場長就任 10月：内山平八、高野正誠、土屋龍憲が前田正名に同行しフランスワイン研修
1879年（M12）	祝村の葡萄酒会社が生産開始。その後大日本山梨葡萄酒会社が1881（M14）年に設立される
1880年（M13）	勝沼の高野積成が興業社を興し、津田仙ら400名と西洋ブドウ栽培推進 愛知県の盛田久左衛門が520haの欧州種ブドウ畑の開墾を開始
1881年（M14）	内務省が欧州種ワインのため播州葡萄園開設、山梨県から桂二郎を引き抜く 神谷傳兵衛が甘味ブドウ酒を開発、1886（M19）年に蜂印香竄葡萄酒を商標登録
1882年（M15）	栃木に野州葡萄酒会社が設立、勝沼の高野積成、土屋龍憲らが参加 桂二郎の指導で、弘前の藤田葡萄園がピノ・ノワールなど欧州種を導入
1885年（M18）	ワイン用ブドウ栽培ブーム。全国の西洋ブドウ栽培家は945人 愛知県はブドウ樹33万本を保有し、全国67万本の半数を占めた 5月：三田育種場でフィロキセラ発見、全国に広がり欧州種は全滅していく
1887年～（M20年代）	川上善兵衛が岩の原葡萄園20haを開拓。小沢善平が妙義山麓で50haを開拓。山梨では宮崎光太郎の甲斐産葡萄酒（現メルシャン勝沼ワイナリー）や土屋龍憲のマルキ葡萄酒などが設立。また、栃木県那須野原、神奈川県保土ヶ谷、愛媛県温泉郡、長野県桔梗ヶ原などでもブドウ畑が開墾され、各地にワイナリーが誕生
1897年～（M30年代）	M30年代に入ると、高野積成が明治期最大の甲州葡萄酒株式会社（現サダヤ醸造場）を甲府に設立。神谷傳兵衛は牛久で23haを開墾しフランス型シャトーを建設
1899年（M32）	高野積成によって国産ワイン愛飲運動が始まる
1907年（M40）	赤玉ポートワイン（現サントリー赤玉スイートワイン）発売

1910年（M43）	東京の小山新助が山梨の登美村官有地150haの払い下げを受け、ここを開拓して1913（T2）年には大日本葡萄酒株式会社が発足
【大正〜昭和時代】	
1914年（T3）	全国の醸造場は427場、460kℓのワインが製造
1918年（T7）	ワイン市場における甘味ブドウ酒のシェアは8割を占める
1922年（T11）	川上善兵衛が品種交配開始。寿屋（現サントリー）の鳥井信治郎の支援で1万311回の交配。1940（S15）年にマスカット・ベーリーAなどを公表
1936年（S11）	寿屋山梨農場（現登美の丘ワイナリー）開設、川上善兵衛の交配品種を植えたフィロキセラで途絶えた欧州ブドウ栽培への再挑戦が甲府のサドヤ農場で始まる。その後1950年代にサントリー登美の丘で本格化。1970年代からは北海道鶴沼、山形県上山、長野県桔梗ヶ原などで進められ、平成に入ると全国で拡大
1942年（S17）	海軍は潜水艦探知機の材料として酒石を採取するためワイン醸造を奨励
1947年（S22）	山梨工業専門学校（現山梨大学）に発酵研究所が設置
1967年（S42）	山梨県と県果実酒酒造組合が葡萄酒鑑評会を開催し、今日まで続く
1975年（S50）	1970（S45）年の大阪万博で洋食が浸透し、ワインが甘味ブドウ酒の消費量を上回る
1976年（S51）	日本ソムリエ協会が設立
1985年（S60）	ジエチレングリコールが山梨県産ワインから発見され、国産ワインへの輸入ワインの混入が明らかとなる。1986（S61）年、北海道、山形、山梨、長野のワイン組合などと日本ワイナリー協会が「国産ワインの表示に関する基準」を策定し施行
【平成〜令和時代】	
1994年（H6）	輸入ワインの消費量が国産ワインを上回る。1997年からの赤ワインブームで加速
1995年（H7）	第8回世界最優秀ソムリエコンクールで田崎真也氏が優勝
2003年（H15）	日本ワインコンクール（当時は国産ワインコンクール）の創設
2008年（H20）	ワインツーリズム山梨開始。北海道、岩手、山形、長野など全国に広がる
2010年（H22）	甲州のブランド化をめざしKOJ（Koshu of Japan）ロンドンプロモーション開始
2013年（H25）	地理的表示（GI）保護産地として山梨が指定。2018（H30）年に北海道、2021（R3）年に山形、長野、大阪が指定 11月：独立行政法人酒類総合研究所が甲州のDNA解析を公表
2015年（H27）	国税庁がブドウ産地や品種の「製法品質表示基準」を定め、2018（H30）年に施行
2018年（H30）	日本ワイナリーアワードの創設
2019年（R1）	山梨県がワイン県宣言

第3章

産地

《執筆者》
小原陽子
ワイン講師、ワイン専門通訳・翻訳者、
ワインライター、ヴィニタエスト代表

日本の産地としての特徴

ブドウ栽培は気候、土壌、地形の影響を受ける。
日本のワイン産地の条件とは?

　ワインの伝統的な産地であるヨーロッパに比べ、日本の雨の多い気候と肥沃な土壌はワイン用ブドウ栽培に向かないとされてきた。しかし、現在ではそのハンディキャップをものともしない栽培家と醸造家が日本の風土を反映した素晴らしいワインを造る。

　本章では日本の代表的な産地とその特徴を、代表的なワイナリーとともに紹介する。世界と日本のワイン産地の条件の違いを理解し、日本のワイナリーが決して恵まれているとは言えない環境をどう生かし、どう管理して上質なワインを造るために努力してきたのか。それを知ることで、世界の中での日本のワイン産地の立ち位置を客観的に把握できるようになるだろう。

日本は生育期に雨が多い

　海外の主要なワイン生産国、あるいは生産地と比較して日本が大きく異なるのは年間降水量だ。一般にワイン用ブドウ栽培に適した年間降水量は500〜900mmとされているが、日本の場合は1000mmを超えることが珍しくない。

　考慮しなくてはならないのはその雨が「いつ」降るのかという点だ。海外の主要なワイン産地のほとんどで雨が降るのは冬の間であり、ブドウの生育期である春から秋にはほとんど降らない。そのため、チリやカリフォルニアなどのように夏に乾燥した国や地域では化学農薬を用いない有機栽培を容易に行うことが可能だ。

　日本ではその逆に、生育期である春から秋にかけ、梅雨、台風、秋雨と雨の降るタイミングが多い。雨が多いということはブドウ畑やキャノピー（樹冠）の湿度が高くなり、カビ病や腐敗のリスクが高まるということだ。カビ病はブドウの実だけではなく、葉や茎にも影響を与える。すなわちブドウの品質の低下だけではなく落葉や落果などによる収量の低下をももたらすため、日本のブドウ栽培の中でも特にその予防は重要な要素であり、同時に日本では有機栽培のハードルが高いといえる。

病害のリスクの高さを補う日本独自の工夫

　雨の多い環境下でも日本の栽培者たちは農薬の使用を最小限にする努力を怠らない。そのうえで病害を回避するために開発されたのがビニールシートを用いキャノピー全体に屋根をかけるレインカットと、ビニールシートでフルーツゾーンだけを覆うグレープガードと呼ばれる手法だ。また、ワイナリーによっては蝋引きした紙やビニールで作られた傘をブドウの一房ごとにかけていることもある。

　これらの手法は海外の生産者やワインのプロに話すとその労力の大きさと仕事の細やかさに驚かれるものだ。病害のリスクを圧倒的に低減することができる非常に効果的な手段であり、日本ならではの繊細な文化を反映している手法ともいえる。

低収量で密植＝
高品質とは限らない

　もうひとつ海外の生産地と大きく異なる点はブドウの仕立て方だ。ブドウはつる植物であるため、支柱やワイヤーなどによる支えが必要だ。どのようにその支えを配置するかを

マンズ・レインカット

グレープガード

ビニールで作られた傘

「仕立て」というが、海外のワイン用ブドウ栽培では多くの場合、比較的高密植で生垣状にブドウを仕立てる「垣根仕立て（VSP）」が主流。一方で、生食用ブドウの栽培を基本にして発展してきた日本ではいわゆるブドウ棚に代表される低密植の「棚仕立て」が広く見られる。近年は垣

63

根仕立てを用いるワイナリーも増えてきたが、棚仕立ては日本の土壌や気候を考慮すると現在でも重要な選択肢のひとつである。

高品質なワイン用ブドウを育てるには「密植」で「垣根仕立て」で「収量を低く」し「フルーツゾーンを低く」するべきだといわれた時代もある。これはボルドーやブルゴーニュのような高級ワイン産地の仕立て方に従うべきだとした理論であり、日本だけでなく世界中、特に新世界のワイン産地で多くの生産者が採用した時代があった。しかし、中には成功を収めたケースもあるものの、それを模倣した多くの生産者が失敗した。それは、ブドウの「植密度」「仕立て方」「1本あたりの収量」「フルーツゾーンの高さ」は各産地の気候（特に降雨量や気温）や土壌（肥沃度や保水性）、品種などによって最適な条件が異なるためだ。

日本で棚仕立てを用いるメリット

日本の場合、一般的に降雨量が多く、比較的土壌が肥沃だ。このように水分と養分が豊富な場合、ブドウの実ではなく葉や茎の成長にエネルギーが使われてしまう（＝樹勢が強くなりすぎる）ため、ブドウの質が低下してしまう。そのため、海外では密植にすることで水分や養分をブドウ同士に競合させ、樹勢をコントロールしている。ところが、それでもコントロールしきれないほど、水分と養分が豊富なのが多くの日本の産地だ。その場合、役に立つのが低密度の棚仕立て。棚仕立てはブドウ1本あたりが占める面積が広く、枝を広く這わせる。水分と養分が充分な日本の土壌では、こうすることであえて枝にエネルギーを使わせ、樹勢をコントロールすることができるのだ。ブドウに実がつく頃にはそちらに養分を回す準備ができるため、1本あたりの収量は高くても充分に品質の高いブドウが獲れることになる。

この傾向は品種によって強く表れ、甲州はとくに垣根仕立てが難しいと多くの栽培家が口を揃える。実際甲州の垣根仕立てに成功しているワイナリーの割合は低く、ヨーロッパ系品種は垣根仕立てでも、甲州は棚仕立てというワイナリーは多い。

樹勢、降雨量、肥沃度、植密度の関係を理解すれば、どの仕立て方が最善であるかは国によって、さらには地域や品種によって大きく異なって当然であることが見えてくるはずだ。

日本の垣根仕立て

　一方、垣根仕立てが日本に向いていないかというとそうでもない。品種や産地によっては垣根仕立てが非常にうまくいっている例も多くある。

　ただ、前述のように高密植にするよりも、やや樹間をあけて植えてコルドンを長く取り、あえて新梢を多く出すことで樹勢を抑えるなど、日本ならではの多くの工夫が凝らされている。もちろん、土壌や気候によっては密植にすることでブドウ同士の競合が機能し、高品質なブドウを作っているワイナリーもある。

　単に海外のやり方をまねるのではなく、日本の気候や土壌に合わせてさまざまな手法を応用し、垣根栽培を日本の環境下で成功させている生産者たちには大いに敬意を払いたい。

日本ワインの多様性は品種とスタイルから

　日本ワインの原料となるブドウは、生食用として栽培されてきた甲州やデラウェアなどから、世界中でワイン用ブドウとして人気の高いカベルネ・ソーヴィニヨンやピノ・ノワール、シャルドネなどいわゆる国際品種に至るまで多岐にわたる。近年は世界でも土地固有の品種を用いたワイン造りが注目されているものの、ワイン専用種ともいわれるウィティス・ヴィニフェラ以外に、これほどまでに多様な品種を用いている国は珍しい。

　また、そのスタイルも甘口から辛口、スティルワインからスパークリングワイン、さらには貴腐ブドウを用いたデザートワインからワインを使った蒸溜酒までさまざまだ。山梨や北海道などGIを取得している産地もあるが、ヨーロッパのように産地ごとに品種やスタイルに関する決まりはないため、それらはワイナリーの判断によるところが大きい。そのため、日本ワインを学ぶ場合には各ワイナリーの特徴を把握することが重要となる。加えて、産地によって注力している品種がある場合には、それを把握することで日本ワインの全体像を掴むことができるだろう。次頁から北から南へ向かいながら、各産地の特色と代表的なワイナリーを紹介する。

日本のワイン産地

日本では北海道から九州まで、各地でブドウが栽培されている。
主な産地は山梨県、長野県、北海道、山形県だ。

新潟県

日本海に面した新潟県は日本酒のイメージが強いが、「日本のワイン用ブドウの父」川上善兵衛の故郷であり、日本ワインを語るには欠かせない土地だ。近年は宿泊施設やスパを備えワインツーリズムを満喫できるワイナリーの集合施設「新潟ワインコースト」もできるなど、注目の産地だ。

長野県

長野県は日本第二のワイン生産県として早くからワイン産業に注力してきた。「信州ワインバレー構想」は広大な長野県を千曲川、桔梗ヶ原、日本アルプス、天竜川、八ヶ岳西麓の5つのワインバレーに区分けしたものだ。中でも千曲川ワインバレーの中心ともいえる東御市では実力派のワイナリーに加え新しいワイナリーも続々と誕生しており、長野ワインのメッカといっても過言ではない。一方、メルロで有名な桔梗ヶ原ワインバレーの中心地は塩尻市で、伝統ある古豪から新進気鋭のワイナリーまでが点在する。長野といえばメルロに加え、シャルドネやソーヴィニヨン・ブランなど国際品種が有名だが、古くから栽培されているコンコードやナイアガラなどから造られるワインも地元で根強い人気がある点は念頭に置いておくべきだろう。

大阪府

大阪府の中でも南部はブドウの名産地であり、特にデラウェアが有名である。温暖でワイン用ブドウ作りにはハードルが高い気候でもあるが、熱意溢れるワイナリーが複数存在する。

山梨県

山梨県は「日本ワイン発祥の地」としてその長いワイン造りの歴史を誇る。一升瓶のワインを湯呑みで飲む文化は、日本にもワインが根づいていることを教えてくれる。山梨の品種といえば甲州だ。ワイナリーによってシンプルでピュアなスタイルからシュール・リーを行ったクリーミーなもの、樽発酵・樽熟成を行ったリッチなスタイル、さらにはスパークリングまで幅広いワインが生み出されている。また、甲州と並んで重要な役割を果たすのがマスカット・ベーリーAで、その生産量は日本一。日本屈指の古豪ひしめく山梨県は日本ワインを知るうえで最初に押さえておきたい産地でもある。

大阪

北海道

北海道

北海道は寒冷な気候であるため、かつては耐寒性の強い交配品種の栽培が主流だった。だが近年は冷涼産地に適したヨーロッパ系品種であるピノ・ノワールやケルナー、ツヴァイゲルトなどの産地としても注目を集めている。気温の低い冬の間にブドウを凍害から守るため、ブドウを雪の下に埋めることが多く、その際にブドウの負担を軽減し、作業をしやすくするために主幹が斜めになっている畑が多い。雪にブドウを埋める産地は世界的にも珍しく、世界のワイン専門家が驚く特徴のひとつだ。

主幹が斜めに植えられている北海道の畑。

岩手

山形

新潟

長野

山梨

山形県

山形県内陸部は古くから果樹栽培が盛んな土地だった。ワイン醸造も明治中期に始まり、その歴史は長い。現在ワイン用ブドウ栽培が行われているのは置賜地方、村山地方、庄内地方の3つで、東北最古のワイナリーを含め、個性豊かな古豪ワイナリーがカギを握る。マスカット・ベーリーAの生産量は山梨県に続いて多いが、その特徴が山梨のものと異なる点は興味深い。

岩手県

岩手県はワイン産地としての歴史は決して古いとはいえないが、地元の山ブドウや、交配種であるリースリング・リオンなどを使った独自のワイン造りが光る。かつては冷涼すぎてブドウの成熟に苦労していたが、近年は温暖化の影響で栽培可能品種が広がり、小規模な生産者も増えている。

北海道

《余市町周辺》

　札幌から西へ車で1時間半ほど、果樹栽培が古くから盛んだった余市町はブドウ栽培にもよい環境が整っている。年間降水量が1000㎜ほどと日本では少なく、そのうち冬の雪が多くを占めるため、生育期の雨は少ない。そのため生食用だけでなくワイン用ブドウの供給地としても知られ、北海道のみならず余市産のブドウを使って造られている日本ワインは多い。近年は小規模なワイナリーの新設が増え、ブドウ産地としてだけでなく、ワイン産地としても注目を集める。

● ドメーヌ タカヒコ

　日本のピノ・ノワールの第一人者といえば、多くの人がドメーヌ タカヒコの名を挙げるだろう。栽培醸造責任者の曽我貴彦氏は、栽培が難しいとされるピノ・ノワールを用いて世界が認める高品質なワインを造り出す。しかも日本では困難を伴う有機栽培を採用し、亜硫酸もほとんど使用しない。

　垣根仕立ての畑は北海道で一般的な短梢剪定ではなく長梢剪定を用い、近年はシャンパーニュ式へ移行しているのが特徴だ。これは樹齢を一般的な20～30年ではなく100年単位まで伸ばしたいと考えているためで、主幹をできるだけ短く保ち、長梢剪定を用いて主枝を若く保つことでその実現をめざす。

　醸造設備では、一般的に使われることの多いステンレスタンクではなく、主にワインの輸送用として世界に広く流通する、プラスチック製のIBC（Intermediate Bulk Container）を用いて発酵を行う。熟成には樽を用いるが、どちらも「動かしやすく、積み重ねもできる」という長所があり、一人でも作業が行えるよう計算し尽くした選択だ。これは「だれもがまねできることを無理なく行う」ことで持続可能なワイン造りをめざす曽我氏の方針を明確に反映しており、そうして生み出されるワインは、高価な設備を使わなくても、海外のまねをしなくても高品質なワインを造ることができると証明している。

　「ナナツモリ」に代表されるそのワインにはスパイシーな冷涼感が感じられる。スパイシーといっても、黒コショウなどのような強いものではなく、日本らしい繊細な、ユズやワサビのように全体を引き締めるスパ

イシーさだ。隠し味のようにじんわりと感じられるその味わいはドメーヌ タカヒコの魅力のひとつ。また熟成するにしたがい春のように華やかに咲き誇る時期や秋のようにゆっくりと落ち着いていく時期といった四季が感じられることをめざして造られる。入手は非常に困難だが、すぐに飲まずにしっかりとその熟成を見守って飲みたいワインを手がけている。

◉㈱平川ワイナリー

フランスの農学部門最高峰、国家技術士養成機関 ENSA アグロモンペリエを卒業後、世界各地のワイナリーで栽培や醸造の経験を積み、フランス農水省認定ワイン醸造士（エノログ）を取得した平川敦雄氏のワイナリー。ブルゴーニュ大学認定ワイン利酒技能試験およびボルドー大学認定ワイン酒質鑑定技能試験 DUAD を首席で卒業するなど輝かしい成績を修めた平川氏が「世界の美食の舞台で楽しまれるワイン造りをめざす」として造るワインは繊細かつ大胆。

《空知地方》

余市町周辺と並び北海道で注目を集める産地がこの空知地方だ。滝川市や三笠市など、小規模ながらも世界水準のワイン造りをめざすワイナリーが点在する。一方、大手ワイナリーの広大な畑が広がるのもこの地域。札幌からこの地へ向かう間には北海道ならではの雄大な景色を楽しむこともできる。

◉㈲山﨑ワイナリー

代々農業を営む山﨑家は3代目からワイン造りを始め、現在は4代目の長男亮一氏、次男太地氏がそれぞれ醸造と栽培を担当する。1枚の畑に7種類の土壌が並ぶユニークな地層から生み出されるピノ・ノワールは繊細かつ複雑で人気が高い。シャルドネやソーヴィニヨン・ブランも評価が高く、どのワインを選んでも品質が安定している。

農家として長年の経験を持つブドウ栽培には随所にこだわりが見られ、太地氏が確立したノウハウはユニークかつ効果的だ。垣根仕立てのブドウはキャノピーを面で捉え、新梢の数をかなり多く出してから必要に応じて減らしていくことで樹勢をコントロールしている。

醸造では培養酵母と野生酵母を必要に応じて使い分ける。栽培でも農

薬は最小限しか使わないが「有機栽培であること」や「野生酵母を使うこと」を標榜するのではなく、ただ上質なワインを造ることに主眼を置き、そのために必要な選択をするというスタンスを取る。

ワイナリーを自社のワインビジネスだけでなく、地域振興のハブとなるよう発展させることを理念としているのも特徴だ。日本のワイナリーは畑の作業にボランティアの手を借りることが多いが、山﨑ワイナリーでは地元在住の人を積極的に雇用する。雇用という形態をとることできっちりと技術を習得してもらい、彼らが将来ブドウ農家やワイン生産者として独立したとしても、あるいはワインとは別の道に入ったとしても、その経験と技術を生かしてもらうことが狙いだ。またブドウは自社のみ、すなわち地元のブドウだけを使い、文房具ひとつに至るまで地元の企業のものを使うほど、地元への貢献を徹底している。

ワイナリーで仕事を創り出し、地元の経済を回す。その構造を太地氏は「農村」と呼ぶが、その農村の機能を確立するという一貫した方針と情熱の感じられるワイナリーだ。

◉ kondo ヴィンヤード
　三笠市の「タプ・コプ農場」と岩見沢市の「モセウシ農場」の2ヵ所で、ピノ・ノワールとソーヴィニヨン・ブランを軸に、日本では珍しい混植（複数の品種をひとつの畑にランダムに植えて栽培すること）を採用する。当初はブドウ栽培のみを行ってきたが、10R ワイナリーへの委託醸造を経て2017年にはナカザワヴィンヤードと共同で栗澤ワインズを立ち上げ、ジョージアで伝統的に使われてきた素焼きの容器、クヴェヴリを用いた醸造も行う。

◉ (同)10R
10R ワイナリー（上幌ワイン）
　日本では珍しい、カスタムクラッシュ（受託醸造所）の形態を取るワイナリー。醸造施設をまだ持つことのできない新規参入の生産者たちはここで機材を共有しながらワイン造りを行う。オーナーのブルース・ガットラヴ氏は栃木県のココ・ファームのワインコンサルタントとして活躍し、ここで後進の育成を行いながら自身のブランド「上幌ワイン」も造る。これまでに多くの日本の醸造家たちが巣立ち、日本全国で彼の名を聞くことは多い。

◉ナカザワヴィンヤード
　中澤一行氏は他業種から北海道ワイン㈱へ転職、経験を積んだのちに

新規就農という形で独立した異色の経歴の持ち主。ココ・ファーム、10Rでの委託醸造を経てkondoヴィンヤードと共同で栗澤ワインズを設立、自社での醸造を開始した。「ブドウを素直にワインにする」ことをめざし、ゲヴュルツトラミネール、ピノ・グリ、ケルナー、シルヴァーナーを主軸に、混植、混醸で造られる「クリサワブラン」は非常に評価が高い。

◉北海道ワイン㈱
鶴沼ワイナリー

　北海道ワインの自社農場という位置付けの鶴沼ワイナリーは日本最大、447haの垣根式の畑を所有する。広大な敷地だが、「広いことを言い訳にしない」ブドウ作りを徹底する。1972年という早い時期から垣根式を採用。北海道で広く使われている、主幹を斜めに植える手法はここで開発された。近年はゲヴュルツトラミネールに力を入れる一方、気候変動を視野に入れテンプラニーリョを植えるなど、長い歴史のバトンを次世代につなぐ取り組みも行う。

《そのほかの地域》
◉北海道中央葡萄酒㈱
千歳ワイナリー

　新千歳空港から電車で2駅と非常にアクセスがよく、札幌軟石を使っ
た石造りの建物が目印。山梨県にある中央葡萄酒の第二ワイナリーとして1988年に設立後、2011年に北海道中央葡萄酒株式会社千歳ワイナリーと改称。余市町にあるピノ・ノワール栽培の第一人者である木村農園の造るピノ・ノワールとケルナーを用いたメインブランド「北ワイン」を柱に、小規模なワイナリーだからこその細やかさを存分に発揮したワインを造る。

◉㈱農楽
農楽蔵（のらくら）

　函館市内にあるコンパクトな「街なかワイナリー」。有機栽培のブドウと野生酵母を用い、酸化防止剤はほぼ無添加、かつ無濾過で造るワインは国内屈指の人気。栽培担当の佐々木賢氏と妻で醸造担当の佳津子氏はフランスの国家認定資格を持ち、知識と技術を余すところなく生かす。栽培品種はシャルドネ8割、ピノ・ノワール1割、そのほかの品種を含めると20種類ほどだが、品種の固定観念を排除するためにラベルへの品種表示を基本的に行わない。

栽培にも力を入れる。

岩手県

◉㈱岩手くずまきワイン

くずまきワインといえば「山ブドウワイン」。その歴史は1986年、地元の山ブドウで造ったワインで地域の活性化をめざすため会社を設立したところから始まる。

山ブドウをワインにするには非常に強い酸のコントロールが必要だ。くずまきワインでは時間をかけてその品質向上に取り組み、今では山ブドウを使ったロゼワインから赤ワインまでを幅広く生産。山ブドウの交配品種であるブラック・ペガールや小公子なども用いるなど、独自の路線を確立している。

◉㈱エーデルワイン

50年以上の歴史を誇るエーデルワインは、大迫町と大迫農協の出資によって設立された岩手ぶどう酒醸造㈴が始まりだ。地元の農家からの信頼が厚く、産地との結びつきが非常に強い。ワイン用ブドウ栽培の情報がほとんどなかった時期から試行錯誤をくり返し、ツヴァイゲルトやカベルネ・ソーヴィニヨンを棚仕立てで栽培する。また日本では栽培例のほとんどないグリューナー・ヴェルトリーナーの先駆者として、その

山形県

◉㈲酒井ワイナリー

酒井ワイナリーは、酒井彌惣（やそう）氏が1887年に開墾したブドウ園、さらに1892年に着手したブドウ酒醸造業から現代に続く東北最古のワイナリー。代表取締役の酒井一平氏は5代目にあたる。「技術は自然を模倣する」をモットーに、地元の赤湯らしさを表現するワイン造りを行うが、その畑も醸造も実に個性的だ。

酒井ワイナリー発祥の地でもある名子山（なごやま）の畑は「森を模倣する」というコンセプトのもと、除草剤も殺虫剤もいっさい使わないだけではなく、自然の植生の中でブドウを育てている。そのため、畑は一般的なブドウ畑の景色ではなく、まさに森だ。畑に多様性を持たせて病害虫を抑え、ブドウと競合させることができるうえ、自然にできる木陰は気温が高くなりがちな夏でもブドウの酸を維持するのに役立つというのが酒井氏の考えだ。さらに、それらの木を支柱とすること

で毎年1.5mほどになる積雪にも耐える棚栽培も可能となった。カオスのように見える畑の要素一つひとつが重要な役割を担う、ユニークな畑だ。

また、名子山を含むほとんどの畑では複数の品種をひとつの畑で栽培する混植を採用する。品種だけではなく台木も含めてさまざまな組み合わせをあえて造り出すことで、ブドウ自体の多様性も追求している。極端に成熟期の異なる品種以外は区画ごとに一気に収穫し混醸する手法も国内では非常に珍しい。「無意識な造り」をめざし、目的とするスタイルを人為的に作り出すのではなく、自然からできてくるものを生かすことを心掛ける酒井氏ならではの選択だ。

そんな酒井ワイナリーの姿勢が最も顕著に表れているのが、品種もヴィンテージも関係なくブレンドする一升瓶ワイン「まぜこぜワイン」だろう。赤・白・ロゼすべてを揃えるこのワインは、ノンフィルターでワインを静置し、上澄みを別の銘柄として瓶詰めしたあと、その澱をさらに静置した上澄みを集めたものだ。フラッグシップである「名子山」とともに注目したい。

◉㈱高畠ワイナリー

高畠ワイナリーがある高畠町は、農業がもともと盛んに行われてきた町だ。市町村単位ではシャルドネとデラウェアの出荷量全国一を誇り、日本で有機農法を採り入れた先駆けとしても知られている。そんな高畠町でワイン造りをする高畠ワイナリーは「たとえ100年かけても世界の銘醸地に並ぶプレミアムワイナリーとなる」ことをミッションとする「高畠ワイナリー100年構想」を掲げる。

ブドウ栽培の長い歴史を持つ町内の契約農家から調達できるブドウの質は非常に高く、彼らにとって重要な供給源だが、近年は自社畑でもさまざまな工夫を行っている。シャルドネ、ピノ・ノワール、ボルドー系品種を垣根栽培し、日本では珍しいファーティリゲーション（施肥灌漑）も採用する一方、畑にはボルドーをモデルとした暗渠排水を整備し、バランスのよい畑作りに余念がない。

一方、醸造では欠陥臭を徹底的に排除するためサニテーションに細心の注意を払う。欠陥臭とは、かつて「テロワールの一部」などとされていた醸造の失敗による香りで、微生物汚染が主な原因だ。高畠ワイナリーでは早くからそれが欠陥であることを理解したうえで、自社の従業員の教育はもとより、日本各地での啓蒙活動を行うなど、日本のワイン業界

全体の品質向上にも貢献してきた。

　高畠ワイナリーには「フラッグシップ・シリーズ」「プレミアム・シリーズ」「バリック・シリーズ」など、スタイルに応じて幅広いポートフォリオが設定されており、多様な品揃えでありながらもそのスタイルが掴みやすい。樽の名手としても知られる高畠ワイナリーでは、600以上の樽を有する。発酵から熟成までさまざまな場面で樽を使うため、一つひとつの樽をテイスティングし、データベース化し、最終的なブレンドを決定するなど、非常に強いこだわりをもって取り組んでいる。また、スパークリングワインの「嘉」はその品質の高さとバリエーションの豊富さで多くのファンを魅了する。

◉㈲タケダワイナリー

　タケダワイナリーの創業は1920年と、非常にその歴史は長い。1970年代には日本でいち早くヨーロッパ系品種の栽培を始めた。タケダワイナリーのオーナー、武田家の祖先は、もともと山形市沖の原の大地主だった。現在の代表取締役社長で栽培醸造責任者の岸平典子氏はその5代目にあたり、フランス国立マコン・ダヴァイエ醸造学校上級技術者コースを専攻、フランス国立味覚研究所での研修、ボルドー大学醸造研究所テイスティングコースを修了して帰国、祖父の代から始まったワイン造りを引き継いだ。

　シャルドネやヴィオニエ、近年注目しているカベルネ・ソーヴィニヨンなどヨーロッパ系品種は垣根式で栽培し、強くなりがちな樹勢は巧みなキャノピーマネージメントでコントロールしている。一方で日本固有の品種であるマスカット・ベーリーAは「タケダ式」と呼ばれる独特な棚仕立てで栽培する。岸平氏の祖父が植えたその畑の平均樹齢は70年を超え、驚くほど太い幹は一見の価値がある。

　本場フランスで4年間ワイン造りを学んだ岸平氏は、フランスと日本での醸造環境の違い、すなわち湿度の高さにいち早く着目し、微生物学的な管理に注力している。そのため毎日すべてのタンクを試飲し、味わいだけではなく汚染のリスクの早期発見も心がける。また、試飲の結果よってタンクごとに日々行う作業を変えることで「オーダーメイドのように」一つひとつのキュベに向き合う方針には「ワインはベーシックレンジをきちんと造れてこそ」という品質に対するこだわりが強く感じら

れる。

そうして造られたトップキュベの
ひとつ、「シャトー・タケダ」は10
年以上熟成させても素晴らしい骨格
を保ち、日本ワインの可能性を見せ
つける1本だ。また、岸平氏の母の
名がついたスパークリングワイン
「キュベ・ヨシコ」は瓶内二次発酵後
に3年以上の熟成を経た本格派で、
日本のスパークリングワインの最高
峰と呼べる品質を誇る。

◉㈲朝日町ワイン

「かぐわしき花と緑のワイナリー」
を象徴するワイン城が人気の朝日町
ワインの創業は古く、1944年に酒
石酸の軍事利用を目的としたワイン
工場が始まりだ。その後第三セク
ターとして地域に還元するワイナ
リーに生まれ変わった同社は100%
山形県産ブドウを使い、多くの契約
農家を大切にする。看板とも言える
マスカット・ベーリーAが生産量の
7割ほどを占め、樽を使用した本格
派の赤からフルーティーでフレッ
シュなロゼ、さらにはスパークリン
グまで、そのスタイルは多岐にわた
る。

◉庄内たがわ農業協同組合
月山ワイン山ぶどう研究所

地元産100%を誇りとしてワイン

造りを行う月山ワイン。自生する山
ブドウから「どぶろく」を造り、滋
養強壮や疲労回復を目的として飲む
風習があった土地で、農協がけん引
して1979年に設立されたユニーク
な歴史を持つ。山ブドウと、その交
配種であるヤマ・ソービニオンを軸
としているが、各種コンクールでほ
ぼ毎年入賞している「ソレイユ・ル
バン甲州シュール・リー」も注目だ。

◉㈲蔵王ウッディファーム

ヴィニフェラ種のみの自社畑から
年間3万本を製造するドメーヌワイ
ナリー。山形県特別栽培農作物の認
証を受けた上山(かみのやま)のブドウ畑で、土地
との相性や栽培管理の手間、品質な
どを毎年確認しながら栽培をする。
現在はカベルネ・ソーヴィニヨンと
アルバリーニョに力を入れ、この土
地でしか表現できない味わいを追求
するべく、無濾過、無補糖ながらも
「手をかけすぎず、かけなさすぎず」
品種特性がしっかりと感じられるバ
ランスの取れたワインをめざす。

栃木県

◉㈲ココ・ファーム・ワイナリー

障害者支援施設である「こころみ
学園」の生徒のために1958年に畑

を開墾したことに端を発するワイナリー。現在も学園生とともにきめ細かい地道な作業を積み重ね、丁寧にワイン造りを行う。ミルフィーユのように細かく割れたジュラ紀の岩が重なる地層は雨の多い気候の中でブドウに適度なストレスをもたらし、質のよいブドウができる。白ブドウを赤ワインのように醸して造った、いわゆるオレンジワインのスタイルで造られる「甲州F.O.S.」は出色。

新潟県

◉㈱岩の原葡萄園

川上善兵衛が1890年に興したワイナリーで、マスカット・ベーリーAをはじめ数々の日本固有の交配種を生み出した。現在もそれら「善兵衛品種」を大切に、ヨーロッパ系品種に対抗するのではなく、自分たち固有の価値を最高の形で届けることをめざしてワインを造る。130年を超える歴史を守りつつ、畑ごとの個性を探るための小仕込みを導入するなど進化も忘れない。トップキュベの「ヘリテイジ」は新樽をしっかりと使った濃厚かつバランスの取れたスタイル。

◉胎内市役所農林水産課
胎内高原ワイナリー

日本でも珍しい、市直営ワイナリー。果樹作物の生産振興、地域外の交流人口の増加、地域の活性化を図ることを目的に2007年に創業した。「ワインは畑で創られる」をモットーに自園産ブドウだけを使い、できるだけ人的介入を抑えたワイン造りをめざす。寒冷地に適したヨーロッパ系品種を垣根式で栽培し、主な品種はシャルドネ、ソーヴィニヨン・ブラン、メルロ、ツヴァイゲルトレーベ。中でもツヴァイゲルトレーベとメルロは注目に値する。

◉ホンダヴィンヤードアンドワイナリー㈱
フェルミエ

フェルミエといえばアルバリーニョ。溶岩の上に20mもの深さの砂が堆積する土地で、この品種の可能性を大きく開花させた。異なる地域の畑ごとに仕込んだアルバリーニョの比較試飲をすれば新潟のテロワールを感じることができる。また、ピノ・ノワールやカベルネ・フランなどの赤系品種にも積極的に取り組み、特に繊細かつ複雑なカベルネ・フランは注目。「新潟ワインコースト」内にあるため、施設内のホテルやスパを利用して見学することも可能だ。

富山県

●㈱T-MARKS
SAYS FARM

　氷見の老舗魚商が設立したワイナリー。富山という決して恵まれているとはいえない気候の中で驚くほど高品質なワインを生み出し、「氷見の食を豊かにする」ワイン造りをめざす。近年はアルバリーニョに力を入れ、透明感のある繊細なワインは秀逸。またメルロには珍しい全房発酵を導入した赤ワインはスパイシー、かつ奥行きのある、まさに「日本」のメルロだ。一棟貸しをしている瀟洒なコテージに滞在し、ヤギの声で目覚める朝は格別。

山梨県

《甲州市勝沼町》

　日本を代表するワイナリーが密集する日本ワインのメッカ。歴史の長いワイナリーが多く規模もさまざまで、甲州やマスカット・ベーリーAなどの固有品種に注力しているワイナリーが多いものの、プティ・ヴェルドやシャルドネなどの国際品種から秀逸なワインを造り出すワイナリーもある。

●勝沼醸造㈱
ARUGA

　勝沼醸造といえば甲州。1937年の創業以来、「たとえ一樽でも最高のものを」を理念に、世界に通ずるワイン造りをめざしてきた。特に甲州に強いこだわりを持つことで知られ、生産量の70％を占める白ワインは甲州のみ。甲州ワインの生産量は業界2位（300t／年）を誇る。フランス醸造技術者協会が主催する国際ワインコンクール「ヴィナリーインターナショナル」で2003年に辛口甲州ワインとして初めて入賞し、甲州ワインが世界で通用する可能性を実証した。

　県内各地に多数の優良な契約栽培農家を抱え、その数は100軒を超す。減農薬有機栽培を基本とし、一部の自社畑では完全無農薬も実施する。比較的高密植の垣根式と、一文字短梢の棚式を併用。ブドウのポテンシャルを最大限に引き出すため、土壌pHを調整する石灰を用いるのみで施肥は行わない。

　醸造面では「世界一高いワイン製造コストを肯定」し、無補糖、自然発酵、炭酸ガス制御、発酵温度管理、貯酒温度管理などさまざまな手法をワインのスタイルに合わせてきめ細かく用いる。甲州ひとつにしても瓶内二次発酵のスパークリングから、

スティルワインの中でもシュール・リー製法、樽発酵、樽貯蔵、醸し発酵（オレンジワイン）まで、さまざまなスタイルを造り分ける。また、他社に先駆けて新技術を導入し、逆浸透膜濃縮装置、氷結濃縮法などを採用したことでも知られる。

販売面では特約店制度を導入した限定販売方式を採用。「アルガブランカ」「アルガーノ」「アルガ」は限定流通商品だ。中でも「アルガブランカ イセハラ」は、甲州であるにもかかわらずソーヴィニヨン・ブランを思わせる強く鮮烈な香りが特徴で、「価格以上の価値、驚きと感動を与えるワインづくりを追求」する勝沼醸造を代表する白ワインといえよう。また、2007年には日本ワインとして初めて航空会社の国際線で提供するワインに採用されたり、甲州のブランドとして初めてEUへの輸出を実現したりするなど、常に業界の最先端を走る。

◉メルシャン㈱
シャトー・メルシャン

前身である大日本山梨葡萄酒会社が設立されたのが1877年。長い歴史の中で常に高品質なワイン造りを追求、1966年という早い時期に国際コンクールで「メルシャン1962」が日本で初めて金賞を受賞したこと

で高品質なワイン造りを実証した。また「現代日本ワインの父」と称される浅井昭吾（麻井宇介）氏がけん引して「日本で高品質なワインはできない」といわれてきた呪縛から日本のワイン業界を解き放つべく、前進を続けてきたワイナリーとしても知られる。その功績は甲州にシュール・リーを用いることをスタンダードにした「甲州東雲シュール・リー」、甲州のアロマを分析することで新たなジャンルを確立した「甲州きいろ香」、世界に日本のメルロの名を知らしめた「桔梗ヶ原メルロー」など枚挙にいとまがない。

長い歴史の中で培った経験をもとに日本の気候や土壌に合わせた技術の向上をめざし、試行錯誤の末に獲得した知見を惜しげもなく日本各地のワイナリーと共有することで、日本のワイン用ブドウ栽培技術および醸造技術の向上に大きな貢献をした点は特筆に値する。

醸造面でのモットーは「フィネス＆エレガンス」。1998年にアドバイザーとして招聘したシャトー・マルゴーのポール・ポンタリエ氏による指導はワインの質の向上に大きな影響を与えたという。厳しい選果に始まるクリーンなワイン造りを徹底し、ロットごとの醸造を行うことができるよう、驚くほどさまざまなサイズ

のタンクを使いこなす。

　また、ビジターセンターでワイナリーツアーを楽しみ、テイスティングカフェでブドウ畑を見ながらワインを飲み、併設の資料館では日本のワイン造りの歴史を学ぶこともできるなど、ワインツーリズムの充実度は日本屈指だ。2017年には日本在住の日本人として唯一のマスター・オブ・ワイン、大橋健一氏をブランドコンサルタントに迎え、世界市場を見据えた活動も開始。日本のワイン業界のリーディング・カンパニーの名をほしいままにしている。

◉㈱ダイヤモンド酒造
シャンテワイン

　「ダイヤモンド酒造といえばマスカット・ベーリーA」というほど日本でその名が知られた家族経営のワイナリー。3代目の雨宮吉男氏はボルドー大学の聴講生として、さらにブルゴーニュのCFPPAで栽培・醸造を学び、オリヴィエ・ルフレーヴやシモン・ビーズなどで研鑽を積んだ。その経験を武器に、ラブルスカ香が出やすくワイン愛好家から敬遠されることの多かったマスカット・ベーリーAから、ピノ・ノワールを想起させるような驚くほどエレガントで高品質なワインを造り出す。「山梨でワイナリーをやるなら甲州とマ

スカット・ベーリーAで生計を立てられるようにならないと」という強い信念のもとに造られるワインは、海外のプロも唸るほど。

　原材料となるマスカット・ベーリーAはすべて韮崎市穂坂町のもので、粘土質で冷涼な土地に由来する厚い果皮のおかげで色素やタンニンの抽出をしっかり行うことができる点が特徴。全房発酵を用い、ブドウの個性に合わせて酵母を使い分ける。かつて日本未輸入だったダミー社の樽を個人的に交渉して輸入にこぎつけるなど、樽にも強いこだわりを持つ雨宮氏。現在は450ℓという大きめの樽を増やしてワインにつく樽香のバランスを見極めるほか、樽の焼き加減はミディアムロング（ML）を好むなど、樽が与える影響の細部にまで心を配る。雨宮氏の父の時代から使われてきた非常に素朴な佇まいの醸造所から、このうえなく繊細なマスカット・ベーリーAが生み出されるのは、ひとえに雨宮氏の豊富な知識と経験、手腕によるものだろう。ブルゴーニュでの経験を存分に生かし、科学的知見に基づいたワイン造りを実行していることが余すところなく伝わってくる。

　熟練の栽培者である3人の横内氏が作るブドウを、やはり名前にYのつく雨宮氏がワインにしていること

に由来する「Y（イグレック）シリーズ」、そしてトップレンジの「シャンテ Y, A Huit（結ひ）」を飲めばマスカット・ベーリー A のイメージが大きく変わるはずだ。

◉中央葡萄酒㈱

1923年に三澤長太郎氏が創業した、日本を代表するワイナリー。4代目・三澤茂計氏が甲州の品質の高さを知らしめたワイン「グレイス甲州鳥居平畑」を生み出し、さらに国際品種から造るフラッグシップワイン「キュヴェ三澤」を誕生させて日本ワインの底力を広く示した。

2008年から栽培醸造責任者を務める5代目・三澤彩奈氏はボルドー大学醸造学部および南アフリカのステレンボッシュ大学院で学び、さらにオーストラリア、ニュージーランド、チリ、アルゼンチンなどで6年間の修業を重ねてきた。難しいといわれてきた甲州の垣根仕立てを80㎝もの高さの畝に植える「リッジシステム（高畝式栽培）」を導入することで成功させ、2014年には「キュヴェ三澤明野甲州2013」がデカンター・ワイン・アワードで日本初の金賞を受賞、世界に日本ワインの存在を知らしめることとなる。まさに日本から世界へ、着実にその実績を示してきた。

除草剤や化学肥料を使用しない低農薬での栽培に取り組み、収穫は手作業。選果台を使ったきめ細かな選果を行い、土着酵母を使用するが、いわゆる自然派とは一線を画する、一貫してピュアでエレガント、オーセンティックなワインを造る。また、日本のワイナリーで初めてドライアイスを使用し、二酸化炭素の使用許可を国税庁から取得したことでも日本のワイン造りに大きく貢献した。

甲州やシャルドネ、メリタージュに加え、瓶内二次発酵によるスパークリングワインは瓶内で3年以上熟成させる本格派。アメリカの大手総合情報サービス会社、ブルームバーグにおいて発表された世界トップ10ワインに「Grace Blanc de Blancs 2014」が選ばれるなど、世界的にも高い評価を受ける。輸出の占める割合が生産量の約3割という点も日本のワイナリーの中で突出しており、世界市場においても日本ワインの代名詞としてその名が知られる。世界に「鮮やかに切り替わる四季や繊細な味わいの感性、丁寧な手仕事といった日本の美しさをワインに表現」し、伝えるワイナリー。

◉丸藤葡萄酒工業㈱
ルバイヤートワイン

丸藤葡萄酒は日本屈指の歴史を誇

る。1882年に創業者である大村治作氏がブドウ酒の醸造を開始、1890年にはブドウ酒醸造免許を取得している。ワインの商標名である「ルバイヤート」は、詩人であり英文学者でもある日夏耿之介氏の命名によるもの。かつてのコンクリートタンクを改修した瓶貯蔵庫は登録有形文化財に指定され、タンクとして使用されていた頃の名残である酒石がキラキラと輝くその壁からは歴史を肌で感じることができる。

1980年代という早い時期から垣根式を取り入れてきた丸藤葡萄酒だが、「ヨーロッパ系品種だから垣根」という先入観にとらわれず、日本の風土に合わせて最高の品質のブドウができる手法を採用する柔軟な姿勢が持ち味。その姿勢は旧屋敷畑のシャルドネやソーヴィニヨン・ブランにはリラ仕立てと垣根式、滝の前畑のメルロやプティ・ヴェルドは垣根式、試験園のプティ・ヴェルドでは垣根式と一文字短梢の棚仕立て両方を採用するなど、多岐にわたる栽培方式からも明確に伝わってくる。

日本ならではのバランスを重視したワイン造りを心がけるのは、日本でも数少ない女性醸造家の一人、安蔵正子氏。ボルドーで醸造を学んだからこそ、ボルドーをまねた力強さを求めるのではなく、日本のおいし

さを表現した「飲んでいるうちに気づけばなくなっているような」ワイン造りがモットーだ。

ワイナリーでは1989年から蔵を開放して行うワイナリーコンサート「蔵コン」をほぼ毎年開催し、参加者、アーティスト、スタッフ間での交流を促すなど、ワインを通じた地域交流にも貢献。看板商品である「ルバイヤート甲州シュール・リー」と、数々の受賞歴を誇る「ルバイヤートプティヴェルド」は、かつての「生食用の残りブドウからワインを造っていた時代」を知る代表取締役社長で4代目の大村春夫氏だからこそ切り拓くことができた、上質な日本ワイン造りの足跡を反映した秀逸なワインだ。

●㈱くらむぼんワイン

登録有形文化財に指定された、かつて養蚕を営んでいた日本家屋が象徴的なくらむぼんワインはブルゴーニュのCFPPAを修了した代表取締役社長・野沢たかひこ氏の個性が光る。湿度の高い日本では難度の高い「無化学農薬、不耕起栽培」をいち早く取り入れ、世界最先端の情報を常に意識しながら造られるワインはユニークかつ高品質。トップレンジの「Nシリーズ」は野沢氏の頭文字と自然(ナチュラル)の両方の意味を込め、

自社畑のブドウを自然酵母だけで発酵している。

◉サッポロビール㈱
グランポレール

サッポロビールによる日本ワインのプレミアムブランドである「グランポレール」専用ワイナリー。非常に緻密で慎重なワイン造りを徹底する。使用する樽の最高の比率を見出すために樽のメーカーや新樽の比率などを数％ずつ変えながら膨大な記録「樽の地図」を作成しており、そこにはその気概が反映されている。一方、大手を母体とするワイナリーの使命として地域ブランドの活性化や契約農家の支援まで、幅広く日本ワイン業界の維持と発展に貢献している。

◉シャトージュン㈱

数多くのアパレルブランドを展開する「JUN」グループが1979年に設立したワイナリー。醸造責任者である仁林欣也氏がワイン造りを率い、日本ならではの柔らかで滋味あふれるワイン造りをめざす。甲州やマスカット・ベーリーAなどからヨーロッパ系のカベルネ・ソーヴィニヨン、メルロ、シャルドネなどまで、幅広く多様なスタイルのワインを造る。クラシックなラベルのプレミアムシ

リーズから有名な絵画をモチーフにしたアートシリーズまで、独自の路線を展開。

◉㈱シャトレーゼベルフォーレワイナリー
シャトレーゼベルフォーレワイナリー
勝沼ワイナリー

スイーツで有名なシャトレーゼグループに属するワイナリー。そのシャトレーゼの創業地でもある勝沼で「厳選した山梨県産ブドウを真心込めて丁寧に醸造」したワイン造りに取り組む。勝沼を中心に点在する畑の土壌や地勢を見極めた「適地適作」をモットーに、きめ細かなブドウ栽培からよいブドウ、そしてよいワイン造りをめざす。数々の入賞歴を持つ「勝沼甲州樽発酵」と「勝沼甲州シュールリー」には注目したい。

◉原茂ワイン㈱

創業1924年、養蚕農家からブドウ農家、そしてワイナリーへと変遷を遂げた。明治時代に建てられた重厚な日本家屋を改装して現在はワインショップとしている。東蔵・西蔵などは文部科学大臣から日本遺産の認定を受け、併設の美しく大きなブドウ棚とともに訪問客に人気。勝沼の環境に合う品種を探りながら次世代に繋がるブドウ栽培をめざし、甲州を中心に、シャルドネ、メルロ、ア

ルモ・ノワール、シラーなどを栽培、特に赤ワインで個性を表現したいと考えている。

◉フジクレールワイナリー㈱

　大手食品会社を母体とするフジクレールワイナリーは1963年創業とその歴史は長い。日本の食卓に溶け込むワインを造ることをめざし、自社畑と契約畑を細かく管理しながら収穫時期を判断するとともに、さまざまな醸造方法の検討にも意欲的に取り組む。フラッグシップのひとつ「メルロー 隼山（はやぶさやま）」や、一部に果梗を加えて醸造する「マスカット・ベーリーＡ ラシス」の発案まで、個性が光るさまざまなスタイルのワインが揃う。2023年4月に「フジッコワイナリー」から改名。

◉まるき葡萄酒㈱

　日本ワインの発展に欠かせない人物として名の挙がる土屋龍憲（つちやりゅうけん）。フランスでのワイン留学から帰国した彼が1891年に創設した「現存する日本最古のワイナリー」。半地下のセラーには一升瓶に入った古酒が並ぶ。コルクの上に王冠を重ねることでこの超長期熟成を実現しており、白ワインでも驚くほど保存状態がよい。30〜40年熟成させたワインを少量ずつブレンドしたノンヴィンテージ・ワイン「ラフィーユ トレゾワ リザーブド 甲州NV」は一見ならぬ一飲の価値がある。

◉マンズワイン㈱

　世界的な品質を誇るプレミアムワイン「ソラリス」に代表されるマンズワイン。フランスの国家資格であるエノログを取得し、社長就任直前まで醸造に携わっていた島崎大氏と、同じくエノログで醸造責任者・西畑徹平氏を筆頭に、実直で繊細なワイン造りを行い、特にその選果の緻密さは驚異的。また、日本のワイン用ブドウ栽培に革命的な変化をもたらした「マンズ・レインカット」の生みの親としても、マンズワインの功績は大きい。

《甲州市塩山地区》
◉機山洋酒工業㈱
キザンワイン

　日本の醸造家にワインを造ろうと思ったきっかけになったワインを尋ねると、かなりの確率で名前が挙がるキザンワイン。手頃な価格でありながらも驚くほど高品質なワインは、実家であるワイナリーを継いだ東京大学の農学博士号を持つ土屋幸三氏と、オーストラリアの名門アデレード大学で醸造学ディプロマを修めた妻・由香里氏の高度な専門知識と緻密な戦略によって生み出される。

自社畑では棚仕立てとライヤー仕立てを品種や樹勢に合わせて選択。フルーツゾーンが2列になるライヤー式は垣根仕立てに比べて1本あたりの収量が高くなるが、そのおかげで肥沃な土壌でも樹勢のバランスが取れる。一方で伝統産地である山梨でのワイン造りは「うちのブドウをおいしいワインに仕上げてくれる」という農家からの期待に応える役割があると考え、契約農家を含めて地域とのつながりも大切にしている。

少人数の家族経営ワイナリーであることから、醸造設備の効率化は重要で、その論理的なこだわりはほかと一線を画す。たとえば新規導入のステンレスタンクはすべてオーダーメイドで、使い勝手を最優先して底面の傾斜に至るまで細かな注文を付ける。樽の洗浄ノズルは射出孔の数まで指定し、樽に由来するブレタノマイセスなどの汚染を徹底的に排除する。効率的に、高品質のワインを生み出すという信念の表れだ。

そうして造られるアイテム数はスパークリングワインと蒸溜酒を除いて8種類のみ。「普通の人が普通に飲むワインを造る」ことをめざし、消費者が味わいをイメージし安心して繰り返し飲めるよう安定したスタイルの生産を行うためだ。さらにスティルワインの価格はすべて1000円台。1930年創業のこの老舗ワイナリーは、「日本ワインは品質の割に高い」という先入観を打ち砕く、ある意味革新的なワイナリーであるともいえる。

●甲斐ワイナリー㈱

風間懐慧（かいけい）氏が酒造業を創業したのが1834年。その後果実酒醸造免許を1961年に取得、ワイン造りを始めた。歴史を感じさせる有形文化財の醸造所およびセラーは一見の価値がある。日本人の繊細な味覚と食文化に合う上質なワインをめざし、自社畑の甲州、メルロ、そして国内でも珍しいバルベーラの栽培に力を入れている。特に赤ワイン用品種は完熟をめざすため収量よりも品質を重視。「クリーンでほっとする」スタイルのワイン造りを心掛ける。

● KISVIN（キスヴィン）ワイナリー

ブドウ栽培で一目置かれる代表取締役・荻原康弘氏と、荻原氏が才能を見込んでアメリカまでスカウトに行った醸造責任者・斎藤まゆ氏が、ブドウとワインの科学と論理を徹底的に追求したワインを手がける。

世界最優秀ソムリエがその品質に驚いたというアイコンワインであるピノ・ノワールから、あえて色づか

ないよう完熟させた「エメラルド甲州」を用いた驚くほど凝縮感の高い白ワインまで、いっさいの妥協を許さないワインは愛好家の垂涎の的。

《甲斐市》
●サントリーワインインターナショナル㈱
サントリー登美の丘ワイナリー

　1909年に開設された「登美農園」を1936年に「寿屋」（現サントリー）が継承して以来、「登美の丘ならではの土地の個性を最大限に引き出したい」という造り手の努力と情熱で、100年余りの年月を積み重ねてきた日本を代表する老舗。フラッグシップはもちろんのこと、ベーシックレンジに至るまで品質の高さには定評がある。

　標高400〜600m、降水量は1100mm／年、日照時間は2250h／年という恵まれた環境のもと、粘土とシルトに砂が適度に混合した土壌で、自然植物と共生しながらブドウを栽培する草生栽培に取り組む。また近年は、気候変動に伴う温暖化を視野に入れたブドウ品種の探求を加速し、2003年からプティ・ヴェルド、2010年代に入りシラー、タナ、マルスランなどの品種を強化。一方白ワイン品種では特に甲州に注力し、さまざまな系統と仕立て方法の評価を継続的に実施。甲州の魅力をより広く伝

えるべく2016年より農業法人を立ち上げ、最新の農業技術も採り入れながら高品質な甲州の安定調達に努めるとともに、日本食との繊細な相性にも注目した味わい作りにも余念がない。

　丹念に育てられたブドウの特徴をしっかりと引き出すため、丁寧な選果や、抽出および醗酵管理、酸化防止対策など、一つひとつの作業を徹底して実施。フラッグシップワイン「登美」や「登美の丘」の赤ワインは、数種類のブドウ品種をアッサンブラージュすることで調和のとれた理想的な味わいと、熟成によって生まれるエレガントなワイン造りをめざす。また甲州は、ホールバンチプレスや嫌気的条件でのプレス、デブルバージュなどの技術を適用するとともに、香りを引き出す酵母の選択や適度な樽熟成などにより、上品で繊細なワイン造りを心がける。

　富士山とブドウ畑を望むテイスティング・ルームからの景色はまさに日本のワイナリーを象徴するものといえる。「世界を感動させる日本ワインを」というビジョンが造り手から販売まで一貫して感じられるワイナリーだ。

《山梨市》

◉金井醸造場
CANEY WINE

　代表の金井一郎氏は1998年に家業を継ぎ、以来「ブドウが健全においしく実るには、どう育てたらよいか」を常に考え、品質のアップデートに努めてきた。「ワインには、土地の自然と人々がレコードされている」という考えのもとシンプルな醸造法を模索し、市販酵母、砂糖、酸、亜硫酸塩の添加をいっさい行わず、健全なブドウを生きたワインへ素直に導くことをめざす。ブドウは自社圃場で栽培したもののみを用い、特に甲州に力を入れる。

◉旭洋酒㈲
ソレイユワイン

　ブドウ農家による共同醸造所が有限会社となった旭洋酒を引き継いだ鈴木剛氏と妻の順子氏が二人三脚で営むワイナリー。ワイナリーから半径5km圏内の農家から直接購入したブドウと自社栽培のブドウのみを用いてワイン造りを行う。減農薬低化学肥料、草生栽培をベースに「自分たちが安心して飲むことができ美味しいと思えること」を基本理念とする。フラッグシップの「ソレイユ千野甲州」は洞爺湖サミット夫人食事会でも提供された。

《甲府市》

◉シャトー酒折ワイナリー㈱

　大手酒類輸入販売業者、木下インターナショナルグループに属するワイナリー。親しみやすく毎日飲めるスタイルを通じて日本のワイン人口を増やすという役割を意識したワイン造りを行う。シャトー酒折といえば、醸造設備のあらゆるパーツを分解して行う徹底したサニテーションが有名。ワイン愛好家に避けられがちだったラブルスカ香を抑え、ピノ・ノワールと間違われるほどに仕上がったマスカット・ベーリーAにも注目。

《北杜市》

◉ドメーヌ ミエ・イケノ

　八ヶ岳の麓にある土地の開墾から、醸造設備建設まで、一つひとつステップを踏みながら自社ブドウだけを用いるドメーヌスタイルを確立した。醸造家である池野美映氏はフランスでエノログを取得したほか、栽培学、醸造学、微生物学など多岐にわたる学問を修める。国内初のグラビティ・システムを採用しブドウやワインにできるだけ負担がかからない造りを行う。その凛としてしなやかな強さのあるワインは入手困難で、「幻のワイン」ともいわれる。

《笛吹市》
●本坊酒造㈱
マルスワイン

　鹿児島県に本社のある焼酎メーカー、本坊酒造がワイン造りの拠点として1960年に設立。醸造拠点である穂坂ワイナリーと、貯蔵熟成拠点である山梨ワイナリーの2ヵ所を軸に、地元農家のブドウを使ってワインを造る地場産業としての意義を追求する。「芳醇な味わいと優雅な薫りのハーモニー」をめざしたワインを造り、中でも果汁の処理には強いこだわりを持つ。「甲州香り仕立て」と「オランジュ・グリ」を比べるとその違いが体感できるだろう。

●㈱ルミエール

　1885年創業時から「本物のワインを造るには本物のブドウを育てること」という考えを貫いてきた。フラッグシップの「光甲州」や瓶内二次発酵で造られるスパークリングワインは海外の権威あるコンクールでも評価が高い。国の登録有形文化財で1901年製の石造りの発酵槽は現在でも使われており、「石蔵和飲」として販売される。地元の食材を生かした「ヤマナシ・フレンチ」を誇る併設のレストラン「ゼルコバ」も非常に人気が高い。

長野県

《千曲川ワインバレー》
● 小布施ワイナリー㈱

　入手困難かつ多くの人が追い求めるワインを生み出すことで知られる。創業は1942年、現在は4代目の曽我彰彦氏が栽培・醸造ともに取り仕切る。子供の頃から「ブルゴーニュに修業に行きなさい」と父からいわれていたこと、曽我氏自身も学生時代にブルゴーニュワインに魅せられたことから、大学卒業後、国内での経験を積んだのちにブルゴーニュへ。つてのないブルゴーニュでの受け入れ先探しに苦労しつつも、1997年にドメーヌ・デュ・クロ・フランタン、1998年にドメーヌ・ロン・デパキでの修業を経て帰国。修業で得た知識と思想を明確に反映したワイン造りを行う。

　畑はすべて垣根仕立てで、メルロ、プティ・ヴェルド、プティ・マンサン、アルバリーニョを主に栽培。8ha中1ha強はJAS有機認証を取得、4haは無化学農薬栽培。2005年から日本の気候では非常に難しいとされる化学農薬不使用を日本で初めてヨーロッパ系品種に適用し、少しずつその面積を広げてきた。

　「自然派ワインの父」といわれる

ジュール・ショーヴェの「魅力有るきれいな香りの加工しないワインをつくりましょう」という言葉を胸に、日本では多くのワイナリーで補糖に用いられている砂糖をはじめ、酸類、市販培養酵母、酵母栄養剤、澱下げ剤、濾過助剤などは使わない。ただし、曽我氏自身は自らを「自然派」とは名乗らず、化学的なものを使わない方針を「サンシミ（Sans Chimie）」と呼ぶ。

　自社農場のブドウを用いたフラッグシップレンジ「ドメイヌソガ」と友人の畑のブドウを用いる「ソガ ペール エ フィス」の2ブランドを展開。「自然にできあがった手造りワインだから仕方ない」ワインは造りたくないという思いから、欠陥臭である4-エチルフェノール、揮発酸などは自らHPLCで分析、その原因の一つとなる酵母、ブレタノマイセスの確認にはPCRを用いるなど、深い知識に基づいた徹底的な品質追求を行う。「地べたに這いつくばりながらブドウとワインをいまだに作っております」という言葉からも曽我氏のストイックで実直な性格が垣間見られる。

◉㈱ヴィラデストワイナリー
　オーナー・玉村豊男氏と、麻井宇介氏の最後の弟子の一人で日本屈指

の醸造家・小西超氏が設立当初から本格的なワイン造りをめざし、それを実現したワイナリー。東御市を長野ワインのメッカとした立役者でもある。全房発酵と全粒発酵を組み合わせて造るピノ・ノワールはブルゴーニュの造り手ですら認める味わい。ワイン造りを志す人たちを対象とした教育機関「アルカンヴィーニュ」も開設し、新規参入者の支援にも力を入れる。

◉楠わいなりー㈱
　オーストラリアの名門アデレード大学で栽培・醸造を学んだ楠茂幸氏が経営。会社員から転身後、畑を借りて開墾するというゼロからのスタートで、委託醸造を経て2011年に自社の醸造設備を設立。着実にワイナリーとしての実績を重ねたそのワインは、G7交通大臣会議の歓迎レセプションに「シャルドネ2014樽熟成」が採用された。またピノ・ノワールがマスター・オブ・ワインから高い評価を得るなど、国内外で広く認められる。

◉㈱サンクゼール
　海外かと見まごうような美しいワイナリーは、醸造棟以外にレストラン、デリカテッセン、ショップ、ウェディングチャペルを備えた総合施設。

「Country Comfort」というブランドコンセプトが明確に反映され、食の楽しみ、ワインの喜びを田園の豊かさ、心地よさとともに満喫できる空間だ。1988年にワイン試験製造免許を取得、10haほどの自社畑と、契約農家のブドウを用いる。中でも樹齢30年を超えるシャルドネは国内外のコンクールでも評価が高い。

◉㈱信州たかやまワイナリー

　もともと品質の高いワイン用ブドウの産地として20年以上の実績を誇る高山村で、自分たちの手でワインを造りたいという13名のブドウ栽培者が共同出資で立ち上げたユニークなワイナリー。醸造所の完成は2016年と比較的最近だが、新規就農者を積極的に支援し、栽培や醸造の研修生を受け入れるなど、日本ワイン業界への貢献度でも注目されている。品種表記を行う「ヴァラエタルシリーズ」と、高山村内だけで販売する「ファミリー・リザーヴシリーズ」がある。

◉ファンキー・シャトー㈱

　施肥は極力せず、農薬も最小限しか使わない。選果の徹底、自然発酵、無濾過、無清澄を柱に人的介入と添加物を可能な限り減らし、ピュアでその土地を映し出すようなワイン造りをめざす。自社畑のブドウを用いた「ドメーヌシリーズ」と、契約栽培や買い付けブドウを用いた「ネゴシアンシリーズ」を明確に分けているのも特徴。初醸造は2011年と比較的新しいワイナリーだが熱烈なファンが多く、入手困難なワインのひとつ。

◉リュードヴァン

　「ワイン通り」を意味する名は、醸造家小山英明氏が「ワインと共に暮らしていける環境」が広がる起点となることを願ってつけたものだ。畑の開墾を始めたのは、まだ東御市が長野ワインのメッカと目されるはるか前の2006年。耕作放棄地を再生してワイナリーを作り、最終的にはワイナリー村を作ることを目標に今も進み続ける。ピュピトルをドアに改造し、最終的には「シャンパン・メゾン」をめざすというだけあって、そのスパークリングワインは秀逸。

《桔梗ヶ原ワインバレー》
◉㈱Kidoワイナリー

　麻井宇介氏の最後の弟子の一人でもある城戸亜紀人氏が、塩尻にあるワイナリーで8年近くワイン造りに携わった後、自身のワインが造りたいという思いから2004年に独立。その品質の高さから入手は非常に困

難で、現在は抽選のみという販売形態を取る。

自社農園、ワイナリーともに奈良井川によって形成された河岸段丘の最上段である桔梗ヶ原に位置する。日本の多くの栽培地では夜温が高すぎて黒ブドウの色づきに苦労することが多いが、標高が高く日照量も豊富なこの地では日中は暖かくても夜温がしっかりと下がり、黒ブドウの色づきが非常によい。垣根式のグイヨシンプルおよびグイヨダブル、棚式はスマートマイヨルガーとX字を使い分け、メルロ、カベルネ・ソーヴィニヨン、カベルネ・フラン、プティ・ヴェルドなどボルドー系品種を主に栽培する一方、近年はピノ・グリやゲヴュルツトラミネールなどアロマティック品種が好調で、その栽培面積を増やしている。

基本的に白ワインには優良市販酵母、赤ワインには野生酵母を使用し、ピノ・グリ、ゲヴュルツトラミネール、リースリングなどアロマティック系品種ではステンレス樽のみを用いるなど、品種のよさが最も生きるスタイルを追求。その姿勢は熟成過程も同様で、ボルドー系品種やシャルドネには新樽を、ピノ・ノワールには古樽のみを使用するなど、「自分たちが造りたいと思うワインしか造らない」こだわりが随所に垣間見られる。

「オータムカラーズシリーズ」と「プライベートリザーブシリーズ」の2シリーズがあり、自社農場で収量制限を厳しく行ったブドウを使う後者には、メルロを主体にボルドー系品種をアッサンブラージュした「メドウズ」、カベルネ・ソーヴィニヨンを主体にボルドー系品種をアッサンブラージュした「ブリリアンス」、現在注目のアロマティック品種、ゲヴュルツトラミネール、ピノ・グリ、リースリング、ケルナーなどをアッサンブラージュした「マスミ・ブラン」などがある。

◉㈱アルプス

アルプス葡萄酒醸造所として創業したのは1927年。1970年代には長野県内のブドウ栽培農家とアルプス出荷組合を結成し、以来地元農家との結びつきを大切にしてきた。2009年からは耕作放棄地をブドウ畑に転換するなど地域社会にも大きく貢献する。自社ではブドウ残渣を有機肥料とする循環型農業も実践、食品安全管理システムFSSC22000を取得するなど、徹底的な品質管理にも注力。長野県産ブドウ100％で造る「ミュゼ ドゥ ヴァン」シリーズがフラッグシップ。

◉㈱井筒ワイン

　1933年創業。桔梗ヶ原のブドウを用い、醸造から瓶詰めまで一貫して行う。地元に根づいているコンコードやナイアガラから造る親しみやすいワインは酸化防止剤無添加。一方でメルロを代表とする国際品種の栽培にも力を入れる。棚式の畑はスマート方式を採用。垣根式の畑はトラクターのUターンスペース用に両端を棚にすることで、限られた畑の面積を最大限生かす独自の工夫も。フラッグシップは地下セラーの樽で熟成させた「シャトーイヅツ」。

◉㈿サン・ビジョン
サンサンワイナリー

　名古屋市に本部を置く社会福祉法人サン・ビジョンの経営。「次世代の子供たちに残したい美しい環境を育む社会にやさしいワイナリーをつくること」を目標に耕作放棄地をブドウ畑に変えたのが2011年。2015年に初醸造を迎えた。土地の個性を最大限に生かし、美しいワインを造ることをめざす。受賞歴のあるシャルドネとメルロによるプレミアムレンジから、地元でなじみのあるナイアガラやコンコードを使った親しみやすいスタイルまで幅広く手掛ける。

《日本アルプスワインバレー》
◉安曇野ワイナリー㈱

　真空ポンプやスキー場関連機器で有名な樫山工業の子会社として2008年にスタートを切った。除梗、破砕、圧搾、貯蔵の段階で鉄にいっさい触れさせないことで雑味を防ぎ、醸造では徹底した温度管理で低温発酵を行うことでテロワールを存分に感じられるクリアなワインをめざす。フラッグシップの「シャトー安曇野スペシャルリザーブ」はメルローとカベルネ・ソーヴィニヨンをブレンドし、樽で長期熟成させたボルドースタイル。

静岡県

◉シダックス
　中伊豆ワイナリーヒルズ㈱
中伊豆ワイナリーシャトー T.S

　シダックスグループの運営による国内でも珍しい総合リゾート施設型ワイナリー。10haもの広大なブドウ畑が広がる施設では、自社畑のブドウを中心にシャルドネやプティ・ヴェルドなどの国際品種からヤマ・ソービニオンやマスカット・ベーリーAなどの固有品種まで、バラエティ豊かなワインを造り出す。栽培や醸造の体験ができる会員組織を立

ち上げ、ワインを通じたコミュニティ作りにも取り組む。

大阪府

◉仲村わいん工房

　先代からワイン造りを継いだ仲村現二氏は、異なるヴィンテージをブレンドすることで温暖な大阪の気候でもバランスを取る手法を確立した。そのため数年先のブレンドを意識しながらブドウを栽培する。そのワインはG20大阪サミットでも提供されたほどの品質を誇り、フラッグシップの「がんこ」は先代、「さちこ」は現二氏の妻の名に由来する。長年の経験を生かした助言で後進を育てる仲村氏は全国の造り手から慕われる存在。

島根県

◉㈲奥出雲葡萄園

　日本有数の乳業会社の一事業として創業。以来ワイナリー長の安部紀夫氏が一貫してけん引し、「地元の人々を食でつなぐ拠点」としてその地位を確立した。シャルドネやカベルネ・ソーヴィニヨンなどのヨーロッパ系品種と、ワイナリーの原点

でもある山ブドウ系品種、小公子やブラック・ペガールなどをおよそ同量ずつ栽培する。ワイナリーの瀟洒な建物と美しい芝の広がる前庭は、ブドウ畑を見ながら食事を楽しめるレストランとともに人気。

◉㈱島根ワイナリー

　1959年に㈲大社ブドウ加工所としてデラウェア100%のワイン醸造を開始。2008年には奥出雲に自社農園を開拓し、ブドウの個性やよさを最大限に引き出すナチュラルなワイン造りをめざす。自社農園のブドウのみを使うフラッグシップ「横田ヴィンヤードシリーズ」、日本初の清酒酵母で仕込んだ「清酒酵母仕込甲州」などが知られる。出雲大社から車で5分という好立地に加えバーベキューハウスやカフェなども完備、ワインツーリズムにも力を入れる。

広島県

◉㈱広島三次ワイナリー
TOMOÉワイン

　2013年に第三セクターの観光ワイナリーから本格的なワイン造りへと転換、ワイン産地としてはマイナーな広島県で飛ぶ鳥を落とす勢いで進化を遂げる。こだわりの

「TOMOÉシリーズ」が国際的なコンクールで入賞するほどの実力をつけた快進撃は、ニュージーランドで長年経験を積んだ醸造長の太田直幸氏が栽培方法から醸造方法まで次々と改革を進めた成果だ。特に発売とほぼ同時に完売する「TOMOÉシャルドネ新月」には注目したい。

大分県

●三和酒類㈱
安心院葡萄酒工房

　「いいちこ」で知られる三和酒類の経営で、瓶内二次発酵で造られるスパークリングワインは数多の受賞歴があり、国内屈指の名声を誇る。この安心院葡萄酒工房の名を全国に知らしめたのは「シャルドネ イモリ谷2006」。クリーミーかつ凝縮感のあるシャルドネは「降雨量が多く温暖なこの土地でこんなワインができるのか」と日本中の造り手を驚かせた。これらを世に送り出した工房長・古屋浩二氏はカリフォルニア大学デイヴィス校で1年間、醸造と品質評価を中心に学んだ人物だ。

　肥沃な土壌と降雨量の多さが重なって樹勢が強くなりすぎた垣根式から、地元安心院町で古くから使われてきた棚式栽培に変えたことで品質の向上に成功した。この仕立て方はジェネヴァ・ダブルカーテンに似た方式だが、新梢を2本のワイヤーで支えた後、先端を下に向けてぶら下げる。こうすることで樹勢をコントロールできるだけでなく、風通しも確保している。また、日本では珍しい樹下スプリンクラーを用いて気温を下げ、温暖な気候対策を行うなど、独特な工夫を凝らした栽培が目を引く。特に古屋氏が最も愛情を注ぐという品種、小公子は安心院町の気候によく合い、その個性を存分に発揮している。

　スパークリングワインにおいては瓶内二次発酵を採用したワイナリーとしても日本では先駆けだ。製法について国内にほとんど情報がない状態から何度も失敗を繰り返し、カリフォルニア時代のつてをたどって研究を重ねた末にようやく成功にこぎつけた。今やそのワインは国際線のファーストクラスに採用されるほどの品質を誇り、シャンパーニュを彷彿とさせる味わい。

　ワイナリーの貯蔵施設と、それに続く展示室は重厚な石造りの建物で、長いトンネルを歩けば「シャンパーニュ・

メゾン」の地下のような雰囲気を味わえる。展示室には初代の除梗破砕機やプレス機などを展示するほか、工芸品や歴史的価値のあるワイングラスも定期的にお目見えし、飲んでも訪問しても楽しいワイナリーだ。

熊本県

●熊本ワインファーム㈱
菊鹿ワイナリー

1999年、熊本市内にワイナリーを設立した熊本ワインは、数々の受賞歴を誇る「菊鹿シャルドネ」が全国に知られる。そのシャルドネの生産地でもある山鹿市菊鹿町に設立されたのが菊鹿ワイナリー（熊本ワインファーム）だ。当初は契約農家と協力してブドウを栽培していたが、菊鹿ワイナリー設立と同時に自社畑も取得。年間降雨量が2000㎜を超える

気候に対応するため、開閉式の屋根を備えた連棟ハウスを使うなど、栽培にも工夫を凝らしている。

宮崎県

●㈱都農ワイン

年間降雨量が4000㎜を超えることもある都農町。第三セクターから始まった都農ワインは、そんな逆境の中から高く評価されるワインを造り出すワイナリーへ着実な進化を遂げた。ブドウの枝ぶり、果実の大きさ、開花時期などを定点観測した写真を15年以上にわたって分析する緻密な栽培手法は特筆に値する。甘口からスパークリング、蒸溜酒まで多様なスタイルで「永遠のキャンベル」を体現するキャンベル・アーリーと、マスカット・ベーリーＡに注力する。

＊2020年の日本ワイナリーアワードの5つ星と4つ星のワイナリーを紹介した。

第

4

章

栽培

《執筆者》

齋藤浩

勝沼醸造㈱取締役副社長

page 96 −105, 110 −118, 120, 122

page 119……遠藤利三郎　　page 121……日本ワイン協会

page 106 −107……三澤彩奈（中央葡萄酒㈱ 醸造栽培責任者）

page 108 −109……神田和明（㈱岩の原葡萄園 代表取締役社長）

ブドウ概論

約8000年の栽培の歴史があるブドウ。
その由来と特性を理解する。

ブドウの来歴

　ブドウは北アメリカやヨーロッパにおいて、地質時代の第三紀の堆積物の中にその葉や種子の化石を見出すことができる。しかし、それまで繁栄したブドウの仲間はヨーロッパの氷河期にほとんど全滅してしまう。そんな中、コーカサス地方ではひとつの種が生き残り、それが現在のワイン用ブドウの祖先であるとしている。

　一方、北アメリカでは多くの種が残存し、進化して今日まで繁栄している。そんなブドウを人類が農耕において一作物として利用し始めるのは約8000年前からといわれている。森林に自生する野生のブドウを摘んで利用していたのであろう。やがて農耕の発達とともに定住するようになると、住居の近くに植栽し栽培が始まる。用途としては、生食、干しブドウ、そしてワイン造りに用いるようになったのだと考えられる。

ブドウの性質とテロワールの誕生

　ブドウは気候が温和であれば、水はけが悪くない限り、痩せた土壌でも生育するという特徴を持った栽培

作物である。経験によれば、良質なワインができるのは、ある意味さまざまなよい意味でのストレスが与えられたブドウからといわれており、灌漑が充分に行き届き、養分や日照も充分な土壌からは優れたワインは生まれていないのが事実である。また、あまりに湿気が多く、日照に恵まれない土壌では良質なブドウは生育しない。

　世界にはいろいろな種類のブドウが生育しているが、長い人類の歴史の中で野生ブドウを目的にかなうように選抜してきたのである。ブドウは土着性の強い植物で、収穫量や品質を決定づける最大の要因は、土壌、気温、日照時間、降水量などの自然条件であるといえる。そして、近年ではこれに長年にわたる人間の営みが加わり、いわゆる「テロワール」という言葉が広く理解されるようになっている。

ブドウの生育

　ブドウは気温の低下に伴い、冬の間は生長を停止するが、気温がマイナス20℃くらいの日が続くと枯死する場合がある。春になって気温が

上昇し10℃を超すくらいになると、樹液が茎の中を上り始め、剪定した若枝の先端から涙を流すようにしたたり落ちる。同じ頃、新芽も寒さから守ってくれた柔綿毛の間から顔を出し始める。しかし、萌芽の早い品種には遅霜が大敵である。遅霜の恐れのある朝は周囲の空気を暖めるために、火を焚いたり、樹に水をかけて幼芽を守る作業を行うことがある。また、開花期を迎える6月頃にも危険が訪れる。雨や気温の低下によって花振るいが起こり、充分な結実ができないこともあるのだ。

　年間の収穫量はこの頃までに予測がほぼ可能になる。収穫は開花から約100日目であるが、この期間中に最も大切なのは日照時間である。雨量が多いことは時にブドウに有害となり、良質なワインを造るのに苦労することがある。収穫が終わると葉は色付いて落ち、ブドウは休眠の時期に入る。秋には遅効性の施肥をし、翌年のブドウの生育に備える。

ワイン産地とブドウ品種
　ブドウ樹は一般にワインの品質を一定に保つため、30～35年ぐらい経つと植え替えが行われる。ワイン生産地ではそれぞれの土地に適したブドウ品種を栽培しており、その品種、成熟度などがワインの香味に大きく影響する。現在、日本においては新規参入のワイナリーが多くオープンしており、各地域、さまざまな品種が栽培されている。まさに適地・適品種の試行錯誤が行われているのである。興味が尽きない。

ブドウの分類

ブドウの品種は実にさまざま。
系統図でその種類を学ぶ。

　ブドウはブドウ科ブドウ属の植物であり、その分類は、従来は葉の形態学的比較により行われてきたが、最近は科学的手法が開発され色素、DNA判定なども行われるようになった。

　現在日本において栽培されている多くの品種がヨーロッパ系かアメリカ系のブドウをルーツに持つ。また日本に自生し古くから知られているヤマブドウは、この系列に属さない別の種である。

1．ヨーロッパ系ブドウ

　野生欧州種と栽培型欧州種（Vitis vinifera）に分かれるが、ここでは栽培型欧州種について述べる。

　栽培型欧州種は現在1万以上の品種が知られており、約5000品種が栽培されているといわれている。これらの品種の大部分は、芽条変異や自然交雑、自然交配、また一部は人為的な交雑や交配により形成された。

　分類については次の3つに分類される。

①東洋系（Orientalis）

　西アジアのカスピ海に接する地域の野生種であった品種群やイスラム教の影響を受けた大きな房と多肉の生食用品種などが含まれる。

　シャスラ、竜眼、甲州三尺、マスカット・オブ・アレキサンドリアなど。

②西洋系（Occidentalis）

　西ヨーロッパの中央部フランスおよびドイツのものが最も知られており、イタリア、スペイン、ポルトガルの大部分が含まれる地域の原産品種。

　カベルネ・ソーヴィニヨン、メルロ、ピノ・ノワール、シャルドネ、ソーヴィニヨン・ブラン、シラー、カベルネ・フラン、リースリングなど。

③黒海系（Pontica）

　原産地はジョージア、小アジア（アナトリア半島）であるとされている。ハンガリー、ギリシャ、ブルガリア、ロシアなどで栽培されている醸造品種群である。

　フルミント、ブラック・ハンブルグ、ルカツィテリ、サペラヴィなど。

2．アメリカ系ブドウ

　アメリカ系の種には台木（110頁参照）の育種に用いられているいくつかの種も含まれるが、ここでは一般的なラブルスカ（Vitis labrusca）につ

いて述べる。

アメリカの東部および北東地域に自生する品種群である。耐寒性に優れ、病害に対する抵抗性もある。ただ、フォクシー・フレーバーという独特の香りを持つため、ジュースなどに加工される方が多い。

ラブルスカ種はヨーロッパ系ブドウと交雑され、コンコードという品種が作出されている。またナイアガラなどは同じ種との交配により作り出されている。

3. ヤマブドウ系ブドウ

日本においてはヤマブドウやチョウセンヤマブドウなどが自生している。これらの種は耐寒性や耐病性を有しているため、国内における交雑育種の親として利用されている。

また、いくつかの地域では自生するヤマブドウから量産できる系統を選抜し、栽培種として利用もしている。

◎系統別ブドウの分類

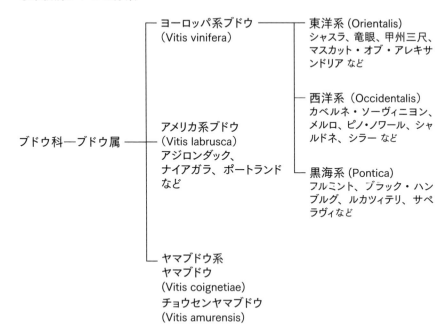

ブドウ品種

良質なワインを造り出す、
我が国で栽培されているブドウ品種を知る。

　日本国内において、醸造に用いられる品種の中で一番栽培面積が広いのは甲州であり、次にマスカット・ベーリーＡが続く。そのほかにシャルドネ、メルロ、ナイアガラ、ヤマブドウなどがある。

　甲州は2010年、日本固有品種として初めて O.I.V.（国際ブドウ・ワイン機構）に登録された。甲州はコーカサスが原産地で、シルクロードを通って日本に伝わり奈良時代から日本にあるとされており、欧州種（Vitis vinifera）に分類されていたが、由来を証明するデータはなかった。2013年、酒類総合研究所（広島県東広島市）が米国コーネル大などの研究チームと協力し、甲州のDNAを解析した結果、約30％が野生種で、約70％が欧州種であることが判明した。また、母方からのみ遺伝する葉緑体のDNAを調べると、中国の野生種であるトゲブドウと一致した。酒類総合研究所の後藤奈美・研究企画知財部門長（当時）は「欧州種と中国の野生種が交雑した品種が、さらに欧州種と交雑して甲州が誕生した」と推定している。このことで、甲州のルーツについて過去からいわれていたと

おり、コーカサス地方で生まれた欧州種がシルクロードを経由して中国に伝わり、中国種と交雑して日本に伝わったことが証明された。

　もうひとつの品種マスカット・ベーリーＡは1927年に川上善兵衛が開発した品種である。アメリカ系ブドウ品種のベーリーと、ヨーロッパ系のマスカット・ハンブルグを交雑して生まれた。醸造と生食兼用品種。日本の気候に合わせて育成されたため、耐湿・耐寒性が高く、耐病性にも富む。果粒は大きく、果皮は暗紫黒色。アメリカ系の遺伝子を持つ品種に特有のフォクシー・フレーバーという独特の香りを持つ。

　なお、この2品種のほかに日本固有の白品種として、甲斐ブラン、モンドブリエ、また赤品種として、ブラック・クイーン、甲斐ノワール、アルモ・ノワール、ビジュ・ノワールなどがある。

　日本品種でO.I.V.にワイン用ブドウ品種として登録されているのは、甲州、マスカット・ベーリーＡ、そして山幸である。

白ワイン用品種

1. シャルドネ（Chardonnay）

フランス・ブルゴーニュ地方を代表する品種。芳醇で最高級のワインを生み出し、シャンパーニュの代表品種でもある。

土壌や各気象状況への適応性が高く、世界各地、また日本の各地で栽培されていて人気が高い。樹勢は中程度で、発芽期は早く、成熟期は山梨県内の標高440mのところで9月上旬である。生育期の気温が高い地域では急激に酸が低下するので注意が必要である。

比較的花振るいは少なく、密着した果房となる。

2. 甲州（Koshu）

山梨県で最も多く栽培されている品種である。樹勢が強く、新梢の伸びは旺盛で、新梢伸長にばらつきが見られる。短梢剪定や垣根仕立て栽培では、果房が小型化する傾向が見られ、特に垣根仕立て栽培では、収量が極端に少ない。

成熟期は山梨県内の標高440mのところで9月中旬～下旬である。

花振るいは年により発生し、やや粗着となることもある。裂果はほとんど問題とならない。山梨県では2008年から甲州の優良系統選抜事業を実施し、県内各地から集められた甲州の優良系統の中から、2016年度にKW01、KW02、KW05の3系統が推奨系統として指定された。3系統の特性については以下の通りである。また近年新たにKW06、KW08などが普及対象に加わった。

① KW01（フレッシュタイプ）

糖度が17.1°で、果房重が362gとやや大きい。収量は10aあたり2.1tである。ワインの柑橘系の香気成分が多い。

② KW02（高収量タイプ）

糖度16.7°であるが、着粒が多く果房が477gと大きい。収量が2.7t/10aと最も多い。収穫期がやや遅い。ワインの柑橘系の香気成分が多い。

③ KW05（凝縮タイプ）

果房がやや粗着で262gとやや小さく、収量は1.8t/10aと推奨3系統の中では少ないが、糖度が18.1°と最も高い。収穫期が早い系統である。また、樹勢が中程度でほかの系統よりやや弱い。つるひけ症の発生が少ない。ワイン中の総ポリフェノール成分が多いことから、骨格がしっかりした複雑な味わいのワインとなる。

3．ソーヴィニヨン・ブラン（Sauvignon Blanc）

フランスのロワール地方やボルドー、またニュージーランドで多く栽培されている。発芽期はメルロと同時期で、新梢の伸長はやや旺盛だが、棚および垣根での栽培が可能である。短梢剪定では密着果房となりやすいため、長梢剪定が望ましく、成熟期は山梨県内の標高400～500mのところで9月上旬～中旬である。

密着した果房では密着裂果からの灰色カビ病の発生が見られることがある。ワインはしっかりした酸と柑橘を思わせるフルーティな香り、またツゲなどの青い香りも感じられる。

4．ピノ・グリ（Pinot Gris）

ピノ・ノワールの変異したもので、フランス・ブルゴーニュ地方で栽培され始めた品種といわれている。

近年世界各地で栽培面積が拡大している品種であり、フランスのアルザス地方、ドイツのバーデン地方、イタリアのフリウリ、また、アメリカのオレゴン州やニュージーランドなどで栽培されている。特に豊かなボディと果実の風味を持ち、口中はまろやかでコクを感じさせるワインを生み出す。果皮が着色するため赤ワインと同じように醸され、オレンジワインなども生産されている。

赤ワイン用品種

1．カベルネ・ソーヴィニヨン（Cabernet Sauvignon）

フランス・ボルドー地方の代表的品種で、世界各地域で栽培され、高い人気を誇っている。深い赤紫色、複雑な香り、力強いタンニンが特徴であり、長期の熟成に耐え非常に評価の高いワインとなる。発芽期は遅く、新梢の伸長は弱い。成熟期は山梨県内の標高440mのところで10月中旬～下旬と遅い。外観上の着色は良好であっても、醸造したワインの色が薄いことがある。とくに着果過多、高夜温条件下ではこの傾向が顕著となることがある。

晩腐病や灰色カビ病に弱く、晩生種であるため、高標高地では酸含量が低下しない場合がある。

2．メルロ（Merlot）

カベルネ・ソーヴィニヨンと並ぶフランス・ボルドー地方の主要品種で、ボルドー最大の栽培面積を誇る。カベルネ・ソーヴィニヨンより早熟で、馥郁たる果実の風味と柔らかなタンニンが特徴である。日本におい

ても長野県桔梗ヶ原地域では世界でも高く評価されるワインが造られており、この品種の日本における適応性を確認できる。発芽期は甲州と同時期でやや遅く、年によりやや不揃いとなり、新梢の伸長はやや旺盛である。成熟期は山梨県内の標高440mのところで9月中旬〜下旬である。

着色はカベルネ・ソーヴィニョンより容易であるが、着果過多や高夜温条件下では着色が問題となることがあるため、標高の低いところでは注意が必要である。

花振るいは少なくやや密着果房となる。裂果はあまり問題とならないが晩腐病に弱い。

3．ヤマ・ソービニオン（Yama Sauvignon）

山梨大学ワイン科学研究センターで、御坂峠自生のヤマブドウ雌性株にカベルネ・ソーヴィニョンを交雑して育成した品種。豊産性で耐病性があり、個性的なワインとなることから選抜された。

新梢の伸長は中〜強であり、棚および垣根での栽培が可能である。山梨県内の標高400〜500mのところにおいて発芽期は4月15日頃、開花期は5月15日頃と早く、成熟期は9月下旬である。

果皮の色は紫黒色で着色は極めて良

好であり、ワインは紫色が強く、鮮やかな色調で個性的、酒質は新酒でも穏やかでバランスがよい。裂果がなく、病気に比較的強い。

強健性、耐寒性があり、山梨県、岩手県、山形県、秋田県、長野県などの広い範囲で栽培適応性を示している。

4．プティ・ヴェルド（Petit Verdot）

フランス・ボルドー地方で栽培されている品種であり、数％ブレンドされるだけで製品に充分な骨格を付与する貴重な品種である。日本では広範囲には栽培されていないが、着色や適度なフェノール成分に優れるため、酒質を重視するワイナリーではこの品種を導入し始めている。ボルドーではカベルネ・ソーヴィニョンの後に成熟するとされているが、日本においてはカベルネ・ソーヴィニョンと同等かそれ以前に熟期を迎え、充分に栽培可能な品種である。発芽期はメルロと同時期で、成熟期は山梨県内の標高440mのところで10月上旬である。

果皮の色は紫黒色で着色は極めて良好である。果皮は薄く、晩腐病や灰色カビ病などの病気に弱く、注意を要する。凝縮したタンニンが強く、格別にスパイシーで濃い色調のワインとなる。カベルネ・ソーヴィニョン同様、晩生で酸含量が高い。

5. ビジュ・ノワール（Bijou Noir）

山梨県果樹試験場でブドウ山梨27号（甲州三尺×メルロ）にマルベックを交雑して育成した品種である。新梢の伸長はメルロと同程度で、棚および垣根での栽培が可能である。発芽期はメルロより5日程度遅く、カベルネ・ソーヴィニヨンより2日程度早い。成熟期は山梨県内の標高440mのところで8月下旬～9月上旬である。やや密着した果房となるが、裂果は少ない。酸は少なめだがタンニンが多く、ボディがある濃い色調のワインとなる。

6. アルモ・ノワール（Harmo Noir）

山梨県果樹試験場で、カベルネ・ソーヴィニヨンにツヴァイゲルトレーベを交配して育成した品種である。新梢の伸長はメルロと同程度で、棚および垣根での栽培が可能である。発芽期はメルロと同時期、カベルネ・ソーヴィニヨンより8日程度早い。成熟期は山梨県内の標高440mのところで9月上旬～中旬である。やや密着した果房となる。ワインはフルーティな香りを呈し、色が濃くタンニンが多い。

7. シラー（Syrah）

フランス・ローヌ地方の代表的な品種である。またオーストラリアでも栽培されていて、品種名をシラーズ（Shiraz）としている。やや晩熟型に属し、色は濃い赤紫色、ブラックチェリーなどの黒い果実や、白または黒コショウのようなスパイシーな香り、パワフルなタンニンが特徴である。発芽期はメルロと同時期で、新梢の伸長はやや旺盛である。不定芽が出にくく新梢は折れやすいため、剪定や誘引は慎重に行う必要がある。成熟期は山梨県内の標高400～500mのところで9月下旬～10月上旬である。密着した果房になりやすいため、密着裂果からの灰色カビ病の発生に注意する。

8. テンプラニーリョ（Tempranillo）

発芽期はカベルネ・ソーヴィニヨンより7～10日早い。新梢の伸長は強いが、棚および垣根での栽培が可能である。果房数が少ないため、花穂の着生を確認しながら芽かきを行う。成熟期は山梨県内の標高380mのところで9月上旬。果皮が薄く、収穫期の降雨などにより裂果しやすい。ワインは果実の風味があり、穏やかな酸とタンニンが特徴だ。

9. タナ（Tannat）

発芽期はメルロより7～14日遅い。棚および垣根仕立てでの栽培が可能であるが、新梢の伸長が旺盛で密着果房となるため、いずれの仕立てにおいても長梢剪定が望ましい。

成熟期は山梨県内の標高400〜500mのところで9月中旬〜下旬である。密着した果房になるが、裂果はしにくい。比較的病気に強いが、年によって裂果からの灰色カビ病が見られる。ワインは色が濃く、タンニンがしっかりしている。

10. マスカット・ベーリー A（Muscat Bailey A）

川上善兵衛氏（新潟県）がベーリーとマスカット・ハンブルグを交雑して育成した品種である。発芽期はメルロと同時期で、新梢の伸長が旺盛である。成熟期は山梨県内の標高440mのところで9月中旬〜下旬である。作業の一環として幼果期に果房を整形することでやや密着した果房となるが、裂果は見られず、病気にも強い。ワインは新酒から熟成タイプまで、幅広いスタイルが存在する。タンニンは控えめであるが、フラネオールというイチゴのようなフルーティな果実の風味がある。

ヤマブドウ系のブドウ品種

系統的にブドウを分類すると、ヨーロッパ系とアメリカ系の品種が大半を占めるが、それらと系統が異なる東アジアに特有の品種群が存在する。それらは学名でヴィティス・アムレンシス、ヴィティス・コワニティと呼ばれる。古代から日本に自生しているヤマブドウもコワニティである。

1. ヴィティス・アムレンシス

アジアを原産地とするブドウの種である。朝鮮半島、中国東北部、シベリアに自生する。チョウセンヤマブドウ、またはマンシュウヤマブドウと呼ばれ、耐寒性が極めて高く、冷涼寒冷地でも栽培が可能である。北海道・池田町ではこの性質を利用して交雑親に用い、前述の山幸を作出している。

2. ヴィティス・コワニティ

日本に自生する野生ブドウの種であり、ヤマブドウという。『古事記』などの歴史書にもブドウについての記述が見られ、古代から日本に野生ブドウがあったことがうかがえる。耐寒性・耐病性に優れ、北海道から中国・四国まで分布している。

果粒は小さめで甘く、酸味、渋味ともに強い。野生ブドウの強さと持ち味をワインに生かそうと、20世紀前半からさまざまな交雑が行われ、前述のヤマ・ソービニオンのような日本独自の品種が生まれている。

世界にその名を知らしめた日本が誇るブドウ品種

中央葡萄酒㈱醸造栽培責任者
三澤彩奈

世界中から「Congratulations!」とメッセージが届いた日。2014年に、世界最大のワインコンクール「デカンタ・ワールド・ワインアワード」で日本初の金賞をいただいた時の喜びは、心の引き出しにそっとしまってある。この時、畑では甲州の自然変異が起きていた。長年の積み重ねが実り、小粒で糖度の高い房が生まれ始めていたのである。

甲州は、南コーカサスに発祥したヴィティス・ヴィニフェラを祖先に持つ白ワイン品種である。その歴史は長く、渡来した当初は、ブドウの甘味による滋養効果が期待され、法薬として栽培されていたようだ。幕府への献上品としても尊ばれた時代があった。戦時中には、潜水艦のレーダーに使われる酒石酸を取り出す目的でワイン造りは奨励された。数奇な運命を辿り、1000年以上日本に根付いてきた品種である。

しかし、淘汰されずに残った最大の理由は、甲州が愛され続けたからではないか。幼かった私に、祖父・一雄はワインを嗅がせながら「高貴」と甲州の香りを表現した。私の生まれ年には「彩奈」と名付けたワインを造り、その甲州は今もセラーに眠っている。父・茂計は、甲州の果皮を彩る控えめなピンク色が、「日本らしくて好きだ」と話してくれた。見上げた甲州は、陽の光に照らされながら透き通り、清楚にきらめき美しかった。

ワイナリー一家に休日はなく、幼少期の幸せな記憶はいつもレストランにあった。外食に行くと、父はまず甲州を飲み、赤ワインの後でも甲州に戻った。「甲州なら赤の後も嫌味なく飲める」が口癖だった。素直に造られた甲州は、飲む人をはっとさせる純粋さを秘めていると私は思う。憔悴した身体に染みわたるような癒しのワインでもある。

甲州を取り巻く環境は変化し続け、気付けば劇的な変遷の渦にのまれていた。2004年に甲州のワイン造りに参戦した、ボルドー大学のドゥニ・デュブルデュー教授の指導が契機となり、日本でも炭酸ガスの使用が認可された。当時、酸化に弱いとされた甲州のワイン造りは、ハイパーオキシデーションで不安定な物質を発酵前に取り除き、シュール・リー製法で味わいの厚みを補っていた。しかしデュブルデュー教授と出会い、そのような醸造技術に頼らない甲州を造ることを決意した。

アメリカのワイン評論家ロバート・パーカー氏とも甲州を試飲する機会に恵まれた。後にブログを拝見すると、甲州をとても気に入ったので、東京・虎ノ門のワインショップで当ワイナリーの甲州「グレイス」を購入して帰国したという話が載っていた。甲州は、「ライチの香り」と表現されていた。その時、私

たちにとって甲州はローカルな品種であるが、海外ではエキゾチックに映ることを知った。以前、CNNの取材で、甲州に対して「ミステリアス」という言葉を使って説明したら、スタジオのキャスターに笑われてしまったが、甲州に謎が多いのも事実である。

世界的なワイン評論家であるジャンシス・ロビンソン氏が来日した際、日本人の記者がジャンシスにこう告げたという。「甲州は日本人女性のように個性がない」。その衝撃的な出来事を私に話してくれたジャンシスは、「近くにあるとそのよさに気付かない」と続けてくれた。甲州は童話の『青い鳥』同様に、やはり青い鳥だったのだ。

2010年に甲州の輸出が本格的に始まった。何度、市場の洗礼を浴びたことだろう。O.I.V.（国際ブドウ・ワイン機構）に甲州が登録され、2013年には、山梨がワイン産地として、国から初の地理的表示（GI）の指定を受けた。しかし、コンクールで金賞を取ることや評論家に支持されることと、市場で生き残ることは違う。輸出先で、レストランのワインリストにポツンと掲載された「JAPAN」の文字を見るたび、ワインショップの隅に置かれた甲州のボトルを見るたび、異国でひとり奮闘する自分自身と重ね合わせた。それでも、甲州の伸びしろに人生を懸けてみたいという覚悟は変わらない。現在の「グレイスワイン」の輸出量は、生産量の3割に迫る。

栽培醸造家となり13年、甲州とともに走り続けた。今、心からいえるのは、テロワールの中に真実があるということである。2005年に再挑戦した甲州の垣根栽培により、光合成に必要な葉面積を確保し、糖度の高い甲州を育てることに成功した。そして、三澤農場産の甲州の有機酸組成を調査したところ、甲州には珍しくリンゴ酸の含有量が多いことがわかった。2017年からは、マロラクティック発酵も自然に起きている。2020年には、畑で酒母を造る醪製造免許も取得した。

降雨量の少ない明野町にある三澤農場の一部では、2016年から有機栽培を始めており、有機栽培区は徐々に広がっている。醸造家目線で樹を選び苗木を作り、その畑だけの味わいを育てていく「マサルセレクション」も進めている。

世界のワイン産地で研鑽を積む機会に恵まれ、日本の魅力も再認識した。島国ならではの多様な気候。日本人の勤勉さときめ細やかさ。日本の自然がもたらす櫛風沐雨のワイン造りを嘆く時代はもう過ぎた。日本でワインを造るからには「繊細と品格」を表現したい。甲州はその極みにあると信じている。

ブドウ品種
「マスカット・ベーリーA」

㈱岩の原葡萄園 代表取締役社長
神田和明

それにしても、なんて雪深いのだろう。

私が上越に赴任して、はや3年が過ぎた。

2021年の1月に新潟・岩の原を襲った大雪は3mを超える記録的な積雪となり、畑すべてを埋め尽くした。2.3mの高さにしている棚も無力で、すべて壊れてしまった。それでも、長年培ってきた雪から樹を守る交差分岐という仕立て方法や栽培スタッフの懸命な救出作業により、なんとか樹をほぼ守ることができた。今年の冬には、あらためてここが過酷な雪国であることを痛感させられた。

岩の原のメインの畑は、雪によって棚が崩れてしまわないように、2.3mの高さに設計されていて、すべての作業を脚立に登って行わざるを得ない。さらにここは、日本のブドウ栽培地の中でも雨の多い地域に位置するため、病気に関してもほかの産地以上に気を遣わなければならない。これだけ不利な条件が揃っている環境下で、何度もくじけそうになりながら、それでもこの地でよいブドウを作り、よいワイン造りに執念を燃やすことができるのも、創業者・川上善兵衛が生涯を賭けて生み出した

マスカット・ベーリーAをはじめとする数々のオリジナル品種とその誕生の地を受け継いでいることへのプライドと責任だと思っている。おそらく、この過去からの苦労と経験の積み重ねが、岩の原で働く私たちを、そして畑のブドウたちをより強くしているような気がしている。これが、まさに「テロワールとともに成長する」ということなのだろう。

テロワールといえば、この地で生まれ、愛されて続けてきた代表品種がマスカット・ベーリーAだ。私たちの看板商品である「深雪花」をはじめ、最優良年のみに発売される高級ワイン「善兵衛」など、赤ワインの多くがマスカット・ベーリーAを主軸として造られている。この、マスカット・ベーリーAは、善兵衛が1927年に誕生させた品種だが、今や、赤ワイン用ブドウとして日本全国で最も育てられ、愛されている。

マスカット・ベーリーAは醸造方法の違いによってさまざまなタイプの香味に変化するため、赤ワインとしてだけでなく、ロゼワインやスパークリングワインなど、幅広いタイプのワインに仕上がる。仕込み方ひとつで大きく香味が変わるため、造り手の腕が試される品種だと

感じている。岩の原の醸造技師長は醸造後のプレスする前の果皮の状態や香りでワインの善し悪しがわかるという。以前、最良の年のみに発売される「善兵衛」を造った際の、タンクを開けた時の感動は忘れられないそうで、次の感動の瞬間に私も早く立ち合いたいものだ。

　最近では、日本全国でさまざまなタイプのマスカット・ベーリー A が造られており、各ワイナリーにおいて品質レベルも著しく向上している。また直近では、全国のワイナリーの皆さんとマスカット・ベーリーAにおけるワイン造りに関しての情報交換を図ることで知見や技術を共有し、さらなる品質の向上を図ろうといううれしい動きも出てきている。

　岩の原葡萄園は2020年の6月に創業130年を迎えた。今、ふと思うのは、創業者の想いを引き継ぎつつも、それに甘んずることなく、我々のワイン造りを進化させ続けることによって、地域の方々に喜んでもらいたいということである。それはおそらく次の「岩の原のミッション」に如実に表れていると私は考えている。

～創業者である川上善兵衛の
　チャレンジ精神を受け継ぎ、
　岩の原ブランドの価値向上を通じて
　地域社会に貢献する～

　江戸時代から続く大地主の跡継ぎとして生まれ、何不自由のない恵まれた暮らしを約束されていたにもかかわらず、「貧しい農民の暮らしを少しでも楽にしてあげたい」という一心でワインブドウ作りに挑み、挙句の果てにすべての私財を失ってまでもこの地域の人のために尽くそうとした創業者・川上善兵衛の「利他の精神」。これこそが岩の原の魂（原点）として脈々と受け継がれているのだと思う。

　社員全員が心の奥底に秘めている、ただひたすらに「よいワイン造り」をめざしてシンプルに突き進む情熱は、川上善兵衛譲りの精神だ。私も、その「情熱」の伝道師として、この地で生きる仲間たちとともに、200年、300年後の未来に確実につなげていきたいと思っている。

接木と台木

ブドウの苗木は、台木に穂木を
接木して作るのが基本。

　1860年代にフランスに被害をもたらしたフィロキセラ（ブドウネアブラムシ）は、やがて全ヨーロッパに広がり、ブドウ栽培に壊滅的打撃を与えた。フィロキセラ対策には、さまざまな薬剤、土壌殺虫剤などが検討されたが、効果的な解決方法は見出されなかった。しかし、モンペリエ大学の教授により、アメリカ系野生種にフィロキセラ抵抗性があることが発見され、これを台木としてそ

れまで栽培されていた品種を穂木として接木することによってフィロキセラの害を回避することができるようになった。接木苗に比べ自根苗は一般的に乾燥に弱く、生育もやや劣る傾向にある。こうしてフィロキセラ抵抗性があり、自根苗よりも優れた点を持っている台木を使った接木苗は世界中に広まった。

接木の方法

　一般的に行われている方法は、台木と穂木の休眠枝を接木し、温床に入れて発根、接着、萌芽を同時に行う方法である。接木時期は冬の間に

行われ、春先に畑に定植される。この接木の型として、英式鞍接ぎ法、オメガ型、くわ型などがある。

英式鞍接ぎ法
手作業の伝統的な方法。接着部分
がN字型やW字型となる。

オメガ型
台木をU字型に機械で成形し、そこに
逆U字型に成形した穂木を接着する。

台木の選定

1860年代にヨーロッパに蔓延したフィロキセラによってブドウ樹が枯死し、絶滅の危機に直面した。この時フィロキセラに抵抗性があり、使用されたのがアメリカ原産の野生種である。この野生種に原品種を接木することによりヨーロッパのブドウ畑は蘇ったのである。フィロ（phyllo）は「葉」、キセラ（xera）は「枯れた」の意味のギリシャ語である。

次に、台木に用いられた主要な野生種を説明する。

1．リパリア
（Vitis riparia）

リバーサイドブドウで河の畔に自生している野生種である。湿地帯に適し、フィロキセラ抵抗性は強く、挿木や接木の成功率は高い。石灰質土壌にはやや弱い。

2．ルペストリス
（Vitis rupestris）

ロックブドウで、岩の多い乾燥地に自生している野生種である。乾燥地帯に適し、フィロキセラ抵抗性は強く、挿木、接木成功率は高いが、石灰質土壌には極めて弱い。

3．ベルランディエリ
（Vitis berlandieri）

石灰質土壌に自生する野生種で、石灰質土壌に適するフィロキセラ抵抗性はあるが挿木、接木成功率が低い。

これらの台木候補野生種相互の交雑により、現在の台木が作出されている。

台木に使用される品種

醸造用ブドウの栽培においては、果粒肥大は問題とならず、むしろ垣根仕立てでは新梢の伸長が旺盛になりやすいことから、穂木品種の樹勢を抑える矮性台木の利用が求められている。棚仕立て栽培においても、密植で植栽本数を増やす場合は樹冠の拡大を図る必要がないことから、矮性台木の選択も有効と考える。

1．グロワール台
（Riparia Gloire de Montpellier）

純粋のリパリア種であり、国内では最も矮性の台木である。棚仕立て

では台負けが強く、穂木品種の樹冠の拡大は101-14台より抑制される。カベルネ・ソーヴィニョンではヴェレゾーン期や着色期が早まる特性がある。また通常、着色は良好で、果房が大きく、結実も安定しており収量が多い。ただし、休眠枝接ぎによる苗木生産では活着率がやや低いとされる。

2. 3309台
（3309 Couderc）

リパリア種とルペストリス種の交雑種で101-14台と同程度の半矮性台木で、耐乾性が強いとされる。グロワールと101-14台の中間的な特性を示し、メルロでは果実品質が良好である。ただし、カベルネ・ソーヴィニョンの一部の系統（337など）の接木では、植え付け後、枯死する場合がある。

3. 101-14台
（101-14 Millardet et de Grasset）

リパリア種とルペストリス種の交雑種で、グロワールおよび3309台に次いで新梢の伸長を抑える半矮性台木である。若木時は新梢が旺盛に伸びるが、結実が始まると樹冠の拡大が鈍り、最終的にはテレキ5BB台の8～9割程度となる。

4. テレキ5BB台
（Teleki 5BB）

ベルランディエリ種とリパリア種の交雑種で、半矮性台木である。棚仕立て栽培では、穂品種は欧州系品種の場合、台負けは強いが樹冠の拡大は101-14台より旺盛である。耐乾性、耐寒性ともに強く、環境適応性は高い。若木時は新梢が旺盛に伸びるため、実止まりが悪い傾向にある。着色は101-14台より遅れる傾向にあるが、収量が多く、広い土壌適応性から普及している。

ブドウ樹の仕立て方

仕立て方はワインの品質に深く関わる。
国際的な方法と日本の主な方法を学ぶ。

樹や枝をどう整えるかによって仕立て方を分類すると、垣根仕立て、棒仕立て、株仕立て、棚仕立てに分けられる。このうち、ヨーロッパ系ブドウの栽培に用いられるのは垣根仕立てが主流であり、フランスやイタリアなどワイン生産国の多くが採用している。一方、日本では古くから伝統的に棚仕立てが普及している。

1. 垣根仕立て

ブドウ畑に支柱を立て、そこにワイヤーを張った垣根を仕立てる。樹を垣根に沿って植えつけ、枝や伸びた梢をワイヤーに結んで整えながら成長させる。果房に日光が当たりやすく、密植にも適するので、風味が凝縮したブドウを得やすく、収量も調整しやすい。垣根仕立ての主なものはギュイヨ式とコルドン式である。

垣根仕立て

2. 棒仕立て

モーゼル式と呼ばれ、ドイツのモーゼル地方でよく見られる。2本の枝をハート形にして主幹に添えた棒に結びつける形式である。急斜面の畑での栽培に向き、平坦地ではあまり採用されていない。

棒仕立て

3. 株仕立て

ゴブレ式と呼ばれ、降雨量が少なく積雪もない乾燥地域に向き、フランスのボジョレー地方、南フランス、南イタリア、スペイン、アフリカ大陸北岸などで多く見られる。数本の主枝を円状に配し、そこに短梢を整枝する。ゴブレグラスのような形状になることからこの名が付いた。

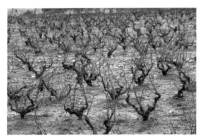

株仕立て

4. 棚仕立て

　幹の上方に地表から離して棚を作り、そこに整枝して成長させる。高湿の気候風土に向くといわれているが、一方で土壌から水分が蒸発するのを防ぐ栽培方法ともされている。北イタリア、スペイン北西部、ギリシャ、南米、日本などで採用されている。樹勢が強い品種に向き、1本の樹での収量が多く、果房がやや大きくなるため、生食用ブドウ栽培に多く用いられてもいる。整枝や剪定に熟練の作業を要することや、機械化が難しいなどの難点がある。日本での棚仕立てには一文字短梢仕立て、X字仕立てなどがある。

棚仕立て（X字）

5. 日本での主な仕立て方

　日本の伝統的なブドウ栽培法は棚仕立てだ。生食用のブドウや、日本固有品種の甲州、マスカット・ベーリーAは樹勢が強いため、地表から離した棚で樹を大きく育てる仕立てが用いられている。明治初期にヨーロッパ系ブドウ品種が導入された際、日本でも垣根仕立てが試みられた。しかし、フィロキセラの被害により垣根仕立ての畑が全滅。そのため垣根仕立ては日本の気候風土には向かないという誤解を生んでしまった。

　その後、フィロキセラによる害は品種の持つ抵抗性に関わりがあり、仕立て方とは関係ないということがわかった。1980年代頃からヨーロッパ系品種の栽培に垣根仕立てが再び導入され、1990年代以降日本各地で増加している。

　この間に棚仕立ての改良も進み、一部では垣根仕立てのコルドン式を棚仕立てにアレンジした一文字短梢での栽培が行われている。現在この仕立て方が熟練を要するX字仕立てに替わって栽培面積を広げている。

棚仕立て（一文字短梢）

ブドウの生育と収穫

ブドウは四季のある土地で育つ。
そこに人の手が加わり、栽培作業が行われる。

ブドウ樹は、1年のサイクルによる人の作業が必要となる。1年のサイクルには、ブドウの生育相である植物生育サイクルと、人の栽培作業暦サイクルの2つがあり、四季の変化と植物の生育状況を見据えながら栽培作業が行われる。

ブドウの生育について、年間の生育サイクルの大きな流れは、[冬] 休眠期の剪定→[春] 萌芽・開花時の芽かき、整房・摘房→[夏] 果粒肥大・成熟期の摘芯・除葉→[秋] サンプリング、適熟での収穫、と進んでいく。

萌芽から開花は約70日、開花から結実の始まりは約1週間、成熟期の始まりから収穫までは約60日ほどが一般的であり、開花から収穫までおよそ100日といわれる。

また、年間の生育サイクルに加えて、過去数年間の気象やブドウの成育状況、その年の気象を考慮しながら作業にあたることも重要となる。

1. 休眠期から萌芽・開花期
●休眠期―剪定

収穫が終わって寒さが訪れる11月下旬頃、ブドウの樹は落葉し休眠期に入る。この時期の重要な栽培作業は「剪定」である。剪定は余分な枝を切り落とす作業で、樹勢を保ち、芽数を適正量として、収量と品質を調整する目的で行われる。加えて、収量を調整することで、安定生産を可能にするという経済価値の側面も担う。

休眠期には、地表を耕す「耕耘」も行われる。耕耘は土を掘り起こすことにより、保水性、通気性を高め、表層の根を切断して根が地下に深く伸びるのを助ける。

●萌芽・開花時―芽かき、摘穂・摘房

春になって気温が10℃を超えるようになると、「萌芽」を迎える。この時期には「芽かき」が行われる。芽かきは新梢の伸びを調整するために、余分な芽を取る作業で、収量・品質の管理につながる。

新しい芽が出て新梢が伸び、葉が成長し、萌芽から約70日で「開花」となる。小さな花弁のない花が1週間ほど咲き、その後に受粉して果実になっていく。多くのブドウ品種が1本の新梢に2～3の花穂をつけるが、3個以上を結実させると品質が落ちやすいため、一般的に開花前

萌芽

果粒肥大

に余分な花穂を取る作業が行われる。これを「摘穂」という。結実後の果房になったものを取ることは「摘房」と呼ばれる。

2．肥大成長から新梢管理
●果粒肥大・成熟期―摘芯・除葉

開花後、受粉が行われ、結実し、果粒が肥大成長していく。これが「果粒肥大・成熟」期である。この時期には「摘芯・除葉」が重要な作業となる。新梢が必要以上に伸びてしまうと、先端部の葉が光合成して得られた養分は果房に向かわず、より新梢の伸長に使われてしまう。また伸びすぎた新梢はやがて垂れ下がり、果房を照らす太陽光を遮ってしまうようになる。この時に太陽光を遮るのを防ぐために行われる、垣根の最上部に張られた針金の高さを目安に切り取る作業を摘芯という。除葉とは垣根式栽培において、太陽光の受光や通気性を改善する目的で果房周りの葉を除去する作業で、栽培管理の中でも品質に影響する重要な作業

のひとつである。特に赤ワイン用品種のカベルネ・ソーヴィニヨンやメルロなどでは、除葉によってポリフェノール含量が増加し、着色が向上する。また、成熟が促進することで、欠陥臭のひとつであるイソブチルメトキシピラジン（IBMP）が減少するとされている。除葉することで、通気性が向上し、薬剤散布時に果房への薬剤の付着もよくなることから、病気の発生も低く抑えられる。

このようなブドウ果房周りの微気象の改善の考え方は、「キャノピー・マネージメント」と呼ばれる。この概念が広まった結果、それまでミクロクリマ、マイクロクライメイトは畑の中の微気象を指し示していたが、これ以降「果房周りの微気象」を指すようになった。キャノピー・マネージメントの一環として、除葉の重要性は1990年代前半に瞬く間に世界のブドウ栽培者の農事暦に組み込まれるようになった。

3．収穫
●適熟―収穫

　果粒の成熟につれて糖度が増し、「適熟」期を迎えると、「収穫」が行われる。適熟期の見極めは、ワインの品質を決める最重要点のひとつとなる。一般的に糖度と酸度のバランス、果実香、着色の度合い、タンニンやアントシアニンなどポリフェノール類の量、気象条件などを考慮して収穫時期が決められる。よいワインを造るために「いつ収穫すべきか」はワイン造りに携わる者が永遠に追い求める課題のひとつであろう。

　ひとつの拠り所として、赤ワイン用品種における「フェノールの成熟」という概念がある。これは1990年代の前半頃から広く支持されるようになった。測定はグローリー法と呼ばれる分光光度計を用いた簡易な分析方法である。果粒中の抽出できるアントシアニンの量の推移と糖度の推移を測定しながら未熟な状態から適熟な状態に移行した時期を特定することができる指標が得られる。この指標は現在、ボルドーにおいて広く用いられている。

　また、甲州から造る白ワインについても、柑橘香を連想させる香りの前駆物質を指標に、その経時変化を測定し、推移を見ながら収穫適期を考える方法も存在する。山梨県ワイン酒造組合が10年間にわたり県内

収穫

の標高別の甲州の香りの前駆物質の推移を組合員に配信しており、この傾向を参考に収穫期を考えているメーカーも多い。柑橘系の香りを重視するワインスタイルを目的とする場合は、3-MH（メルカプトヘキサノール）の前駆体含量に着目している。3-MHが生成されるピークは糖度のピークより早い時期にあるので、この前駆体が多いうちに収穫する必要がある。

　また、いくつかのメーカーでは日の出前の夜間に収穫する方法を採用している。ブドウは光合成などの活動によってさまざまな物質を作り上げ、貯蔵する。そして蓄えた物質は、また太陽の照射とともに新たな生産のために消費される。この工程をくり返すわけだが、消費される前に、よい状態を保ったままワインに移行すべく、ブドウを夜間に収穫し速やかにワイン造りに使用するのである。

育種方法

耐病性、耐寒性、生産性の改善をめざし、
気候に合った品種を育てる試み。

ブドウの育種

新品種を育てるさまざまな方法

　ブドウの新しい品種を作り出し、育てること
を「育種」といい、品種改良に利用される。環境
適応性を高めたり、病害虫の被害を防止・減少さ
せたり、収穫物の品質を向上させたり、品質を
保ったまま収量を増加させることが目的である。
固有のブドウ品種が少ない日本において、育種
はブドウ栽培に伴う重要な仕事のひとつである。
育種の方法には、交雑育種法、導入育種法、突
然変異育種法、偶然発生育種法、クローン選抜
育種法、バイオ育種法などがある。

◉交雑育種法

　2種類の異なる種を交雑させることで、雌し
べに別種の花粉をつけて結実させ、新品種を作
り出す方法。日本では川上善兵衛が先駆者とな
り、昭和初期に赤ワイン用品種のマスカット・
ベーリー A とブラック・クイーンを生み出した。

◉導入育種法

　海外や国内の他地域から特徴のある品種やそ
のクローンを導入して試験栽培し、その地の土
壌・気象条件に適合する品種、またはクローン
を選び出す方法。

◉突然変異育種法

　突然変異を自然発生的、または人為的に起こ
させて新品種を作り出す方法。

交配と交雑

異なる品種を掛け合わせる方法は、
交配と交雑の2つに大別される。

●交配（クロッシング）

　同じ種同士を掛け合わせたもの。ワイン用ブ
ドウではヴィティス・ヴィニフェラ同士で行わ
れるのが一般的である。人為的交配では、ミュ
ラー・トゥルガウ（リースリング×マドレーヌ・ロ
ワイヤル）、ケルナー（トロリンガー×リースリン
グ）などがある。これらの人為的交配とは別に、
自然交配ではシャルドネ（グーエ・ブラン×ピノ・
ノワール）、カベルネ・ソーヴィニヨン（カベル
ネ・フラン×ソーヴィニヨン・ブラン）などがあり、
誰もが知る偉大な品種が誕生している。

●交雑（ハイブリッド）

　異なる種を掛け合わせたもの。語源はラテン
語の「ヒュブリダ（hybrida）」で、ブタとイノシ
シを掛け合わせたイノブタのこと。日本で開発
されたものに、マスカット・ベーリーAやヤマ・
ソービニオンなどがある。また海外で開発され、
日本でも栽培されているものにセイベルがある。

　セイベルはフランス人アルベール・セイベル
（Albert Seibel）によって生み出された1万種以上
におよぶハイブリッド種の総称。フィロキセラ
への対抗策として開発された。現在はイギリス
やアメリカ、カナダなどで栽培されている。セ
イベル5455というように育種番号つきで呼ば
れ、日本で栽培されている5279、9110、10076
は白ブドウ、13053は黒ブドウ。

ブドウの病害と虫害

ブドウを襲う病気はいろいろ。病害はカビと
ウイルス感染が主な原因。害虫対策も重要。

根こぶ型成虫　有翅（ゆうし）成虫

ブドウは比較的、病害に強い果実だが、果粒を腐敗させたり、樹自体を枯れさせたりしてしまうような深刻な病害や虫害が発生することがある。病害はカビまたはウイルスの感染によって引き起こされる。カビを原因とする病害には、ウドンコ病、黒痘病（こくとう）、ベト病、灰色カビ病、晩腐病（おそぐされ）などがある。欧米ではウドンコ病、ベト病、灰色カビ病が多いが、日本では黒痘病、ベト病、晩腐病が多い。

●ベト病

1878年に北アメリカからヨーロッパに伝わり、数年後にはヨーロッパ全域に広がった。日本では5月頃に気温の上昇と適度な湿度を得て分生子を形成し始める。これが第一次感染源となり、雨水などにより幼葉（ようよう）などに飛散する。その後は秋季まで二次感染をくり返すが、気温が30℃以上で菌の生育は停止するため、真夏は病害の進行が一時収まる。

●晩腐病

病原菌は前年の古い組織である結果母枝の切り残しや、針金に残ったままの巻きひげなどの組織内に菌糸の状態で越冬する。春先気温の上昇した頃、降雨の水分で胞子が形成さ

◎フィロキセラ

フィロキセラは日本名でブドウネアブラムシ、またはブドウコブムシという。明治期に日本に導入されたブドウ品種も、一時期フィロキセラの害に遭い絶滅しかかったが、アメリカの台木の接木によって難を逃れた。

れ、この胞子が降雨によって飛散し、主に果房に感染する。飛散が多い時期は梅雨時である。ブドウの成熟期に降雨量が多いと二次感染が顕著だ。

ウイルスによる病害では、主なものはリーフロール、フレック、コーキーバーク、ファンリーフやステムピッティングが発生している。ウイルスの感染ルートとしては、接木の際の感染、土壌感染、線虫などを介しての感染が指摘されている。

ブドウに寄生する害虫としてはフィロキセラがよく知られている。フィロキセラは根、幹、葉などに被害を与え、高い繁殖力により次々とブドウ樹を枯らしていく。19世紀後半にはフランスのブドウ樹に全滅に近い深刻な被害をもたらした。ほかにコウモリガ、ブドウトラカミキリ、チャノキイロアザミウマ、ブドウスカシバ、ダニ類などによる害もある。

◎ブドウの病気・害虫と対策 一覧

原因		病名	被害	対策
病気	カビ	ウドンコ病	5〜10月に発生。新梢、葉、枝、果粒などに白色のカビが生じる。果粒は変形し、硬くなる	カビの発生を防ぐため、各カビ病の発生しやすい時期に、ボルドー液、硫黄粉剤、ジマンダイセン水和剤、ロブラール水和剤などの薬剤をブドウ樹に散布する
		黒痘病	多湿期に発生。新梢や葉では褐色の斑点が生じ、花穂で発生すると枯れて開花・結実が起こらない。果粒は灰色や赤褐色に変色する	
		ベト病	6〜10月の高湿期に発生。葉や茎では淡黄色や褐色の斑点が現れる。果粒に発生すると灰白色か淡黄色に変色し、腐って落下してしまう	
		灰色カビ病	低温多雨の場合の花穂か、収穫前に多雨の場合の果粒で発生。花穂では花が腐敗、果粒では褐色斑点が現れ、灰色のカビに覆われて腐る	
		褐斑病 （かっぱんびょう）	5〜6月に多く発生。葉に褐色の斑点が生じ、落葉を起こさせ、ブドウの完熟を阻む	
		晩腐病	5〜7月の発生が多く、10月まで続く。果粒に淡褐色の斑点が現れて扇状に広がり、腐る	
	ウイルス	リーフロール	晩夏に葉が下方に巻いて変色を生じる。果粒の成熟が遅れたり、糖度が劣ったりする	予防としては、接木の際に感染しないように注意することが重要。そのため、ウイルスに感染していないウイルスフリー台木やウイルスフリー苗が用いられるのが一般的。ウイルスの無毒化には熱処理や組織培養が行われる
		フレック	葉に斑点が現れ、感染が広がると葉が上方に巻き、奇形を生じる	
		コーキーバーグ	幹がコルク化したり、葉の変色や葉が巻いてしまう症状を引き起こす	
		ファンリーフ	葉の変形・変色を生じ、樹自体が衰弱する	
害虫		フィロキセラ、ブドウトラカミキリ、チャノキイロアザミウマ、ブドウスカシバ、ダニ類などの寄生	新梢、葉、茎などの変色や変形、果粒表面の斑点発生や裂果・腐敗など。被害がひどい場合は、広範囲のブドウ樹が枯れる	害虫に抵抗性がある台木の使用、薬剤散布（スミチオン乳剤、トラサイド乳剤など）などが行われる

最近の農法

自然志向の高まりによって低農薬や有機農法が増えている。

低農薬農法と有機農法

自然の力でよりおいしいブドウを栽培

近年、世界各国のブドウ畑では、化学合成された農薬や肥料を避け、できるだけ自然に近い栽培方法をめざす動きが活発になっている。そのようにして生産されたブドウから造られたワインとその生産者は「自然派」と呼ばれるようになった。

その農法にはオーガニック農法、ビオディナミ農法、サステイナブル農法などがある。

◉オーガニック農法

有機栽培のこと。堆肥や緑肥など有機肥料だけを使用し、化学合成の肥料や除草剤・殺虫剤の使用は禁止。ただし、病害虫予防のためのボルドー液（硫酸銅と消石灰）や硫黄粉末によるカビの防除、天敵昆虫などの生物的防除は認められる。ブドウ栽培では、オーガニック農法に転換後、3年以上を経過した収穫でないと、有機農作物とは認められない。

◉ビオディナミ農法

オーストリアの思想家ルドルフ・シュタイナーが20世紀前半に提唱した理論に基づく。「バイオダイナミックス農法」は英語読み。土壌、植物、生物に加えて、天体の動きも含めた独特の生態系理論によって、自然の摂理を重視した栽培方法である。

◉サステイナブル農法

「持続可能な農法」という意味。化学合成肥料や農薬の使用を禁止するオーガニック農法ほど厳しい制約を設けず、栽培地の伝統農法とオーガニックを融合させた農法が採られる。「低農薬農法」や「リュット・レゾネ」とも呼ばれ、農薬量を必要最低限にして栽培にあたる。化学合成農薬をどれくらい減らすかについては厳密な定義がなく、生産者によって低農薬の程度が異なるのが現状。

> 💡 **知識をプラス！**
>
> 日本における「有機ワイン」の表示は、2001年施行の「酒類における有機等の表示基準」によって以下の条件が定められている。
>
> ・「有機農畜産物の日本農林規格」によって格付けされた有機JASマークのブドウ、許可された食品添加物のみを用い、農産物から出る堆肥の使用や天敵昆虫による生物的防除など、農地自体の物理的または生物的機能を利用して造られたワインに、「有機ワイン」または「オーガニックワイン」と表示できる。
>
> ・「有機ブドウ」と名のるためには、最初の収穫前に最低3年以上は、上記の基準に基づくブドウ栽培が行われていなければならない。

第 5 章

醸造

《執筆者》
渡辺直樹
サントリーワインインターナショナル ㈱
生産部　シニアスペシャリスト

ワインの醸造

ブドウはいくつもの過程を経て、
味わい深いワインへと変わっていく。

ワイン醸造の本質

ワインの醸造とは、果実から発酵という酵母や乳酸菌の働きを介在して、ワインへ変換することである。偉大なワインを醸造するのは、先端的なテクノロジーによって画一的に行うものでなく、飲み手を魅了する風土に根差した比類ないイメージや価値を、よりシンプルに、より自然な方式で引き出し、育てるところにある。

そのうえでワイン醸造においてブドウの品質（ブドウに含まれる成分の量や質）は重要である。ブドウの組成や成熟によって変化するこれら成分を見極めるところからワインの醸造はすでに始まっていると考える。

ブドウの成熟度の見極めは、造りたいワインのスタイルの違いからも影響を受ける。つまりは造りたいワインのスタイルをイメージして、気候・土地、ブドウ（品種、系統、台木）、栽培方式を組み合わせ、ブドウを育

てる。そのうえで、最適なタイミングを見極め、収穫する。そして醸造設備、醸造方法、醸造条件を人が選択する。粉骨砕身の気持ちで五感を使い、変化に関わることがワイン醸造の本質である。

たとえば、長期熟成型の赤ワインを造るのであれば、糖度や酸度の推移を参照しながら、果皮のアロマと種の成熟度を見極める。種は未熟な段階では乾くような渋味があり、成熟とともに苦味が増えてくる。その後さらに成熟すると苦味はなくなり、渋味の質感も穏やかになってくる。アロマの上昇や変化を見ながら、種の成熟によって見極めることが重要である。

同じく長期熟成型の白ワインであれば、糖度、酸度、遊離アミノ酸量の推移、比率を参照しながら、果皮のアロマの変化によってブドウ収穫の最適なタイミングを見極める。

◎果実成分組成について

種

果粒の重量に対して種は0～6％を占める。赤ワインの骨格を構成するポリフェノールは種の重量に対して20～55％含まれる。それ以外に糖質、窒素化合物、脂質を含む。果実の成熟が進むとともに種のポリフェノールは重合（じゅうごう）が進み、量は減少する。

果梗（かこう）

ブドウ全体の重量に対して、果梗は3～7％を占める。糖分はほとんどなく、水分、酸、ミネラル、ポリフェノール成分からなる。果梗に含まれるポリフェノールは強い渋味を持つ。

果肉

果粒の重量に対して果肉は75～85％を占める。果肉の細胞内の液胞の中に、多くの果糖、ブドウ糖を含む。また酒石酸、リンゴ酸、クエン酸とワインの組成に重要な酸、カリウム、カルシウムなどのミネラル成分、酵母の増殖や香り成分の生成に重要な働きをするアミノ酸などの窒素成分を含む。

果皮

果粒の重量に対して果皮は8～20％を占める。果皮の構成細胞内には糖分は非常に少なく、果肉の細胞に比べて酸が多い。果皮の細胞には醸造にとって非常に重要な香り成分の前駆体成分（モノテルペン類、カロチン類、アミノ酸やグルタチオンが結合したアロマ成分、メトキシピラジンなど）を多く含む。また赤ワインの原料となる黒ブドウでは、細胞内に色素、タンニンを含む。ブドウの成熟に伴い、これら香りに関与する成分は変化し、色素・タンニンは増加する。

ワイン醸造の基本原理

　ブドウを破砕し、果汁が発酵し、ワインへ変換する現象は、一見シンプルなものである。ブドウはブドウ糖や果糖など発酵性の糖分を含んだ果実であり、その土地で自然に酵母が果皮に付く。そのため、果実を破砕すると、果汁が出てきて酵母に接触し、アルコール発酵が始まり、糖分がアルコールと炭酸ガスに変換されてワインとなる。

　ブドウをワインという液体に変えるだけなら、この過程で充分である。しかし、造りたいワインのスタイル、質を得るためには工夫が必要となる。その必要性から「醸造法」は生まれてきた。

　赤ワインは果汁、果皮、種、時に果梗ごと浸漬して発酵させるが、白ワインは果実を搾り、果汁のみを発酵させる。赤ワインは基本的に果皮、種の含まれた成分すべてを抽出対象とするのに対して、白ワインは主に果皮に含まれる成分を選択的に抽出した後、酵母の働きでワインへと変換させる。ロゼワインは基本的には白ワインに近い方法で醸造をする。それぞれの詳しい醸造法は、127〜139頁で紹介する。

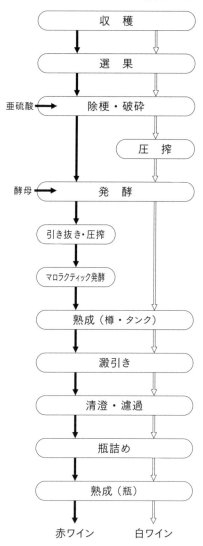

◎ワインの基本となる醸造工程

収　穫

選　果

亜硫酸 → 除梗・破砕

圧　搾

酵母 → 発　酵

引き抜き・圧搾

マロラクティック発酵

熟成（樽・タンク）

澱引き

清澄・濾過

瓶詰め

熟成（瓶）

赤ワイン　　白ワイン

ワインの醸造法1 赤ワイン

赤ワインは黒ブドウをマセレーション*し、全抽出したワインである。
果皮や種など果実をまるごと使い、赤ワイン独特の渋味とコクを作る。

選果

収穫前もしくは収穫時に病果や劣果、未熟果を丁寧に取り除く。また収穫後、醸造所にブドウを運び、その後除梗前に選果テーブル（手動もしくは自動）を使って選果することも有効である。

除梗・破砕

果梗はポリフェノール成分、カリウムなどのミネラルを含む。果梗を入れて醸造をすると、これら成分の影響を受け、過剰に乾いたような渋味、酸の低下を受けることがある。また果梗に由来する未熟な香りの影響を受ける場合もある。したがって基本としては果梗（125頁参考）を取り除く。しかしながらピノ・ノワールやマスカット・ベーリーAなどのように果梗とともに醸造することで骨格や複雑さを構成する場合は、果梗の品質（木質化していることなどがある）に注意したうえで使用する。

除梗後、必要に応じて劣果、未熟な果粒の選果（2回目）を選果テーブルにて行う。

その後、果皮を軽く破る破砕を行い、果汁を出す。破砕は軽く行うことが大事で、強い破砕は果皮に由来する口が乾くような余分な渋味成分を与えてしまう。

＊マセレーション（英語）／マセラシオン（仏語）
直訳は漬け込むこと。浸漬（しんせき、しんし）。ワイン用語では「醸し」と訳される。主に赤ワインの発酵中または発酵後、色素やタンニンなどさまざまな成分を抽出させるためにワインに種皮を漬け込んでおくこと。

💡 **知識をプラス！**

グラヴィティーフロー

ブドウをタンクに投入するところからワインの熟成に至るまで、重力を利用してブドウ、ワインを移動させる方式、工程のこと。こうすることにより、ブドウやワインへの負荷が小さくなる。特にブドウをタンクに投入するためにポンプを使用すると、果皮がちぎれて細かい渋味を感じるポリフェノールが抽出されるが、これを防ぐ効果が期待できる。

発酵・発酵後マセレーション

除梗・破砕したブドウはタンクに入れ、亜硫酸を加える。その後、酵母を加えて発酵を行う。

赤ワインの発酵は、色、タンニンを引き出すため、20〜30℃ほどのやや高めの温度で約1週間行う。発酵が始まると、果皮などの固形分が表面に浮き、果帽（か ぼう）を形成する。そのため果皮と種から効率よく抽出するためや、細菌の汚染を防ぐためにピジャージュやルモンタージュ（147頁参照）などの操作を行い、果皮が液の中にあるようにする。

また発酵による熱が発生し、果皮のほうが液体よりも温度が高くなる傾向がある。そのため、この操作は温度を均一にし、抽出効率を維持したり、酵母による発酵の継続を促したりする役割もある。というのも、酵母にとって赤ワインの発酵温度はかなり高温で、ストレスのかかる状態のため、発酵後半の酵母の死滅に注意をする必要があるからだ。酵母延命因子となるエルゴステロールを酵母自身が生み出せるように、発酵中、特に発酵の初期から中期にはピジャージュやルモンタージュによって酸素を発酵中のワインに供給をする必要がある。

またこのタイミングでの酸素供給は、ワインの色の安定、果実香の増加にも寄与する。ルモンタージュの場合、発酵中のワインが1日に1タンク分を循環することが目安となる。

発酵が終了した後、果皮、種とワインのマセレーションを20〜30℃程度で数日から14日間程度継続する。発酵中および発酵後マセレーション中は、定期的にワインをテイスティングし、果皮や種などの固形分とワインを分離させるタイミングを決める。

果皮に含まれる色素、タンニンは主にアルコール発酵中に抽出される。良質な果実には、まろやかさに寄与するポリサッカライドと結合したタンニンが豊かで、主にアルコール発酵中にこの成分は抽出される。発酵後マセレーションでは、種に含まれる渋味を抽出する傾向にある。破砕したブドウをタンクに入れてからこの分離を行うまでは10〜21日程度が目安となる。

液抜き・圧搾

発酵後マセレーションが終わったら、タンクの底からワインのみを引き抜く（フリーランワイン）。果皮と種にもワインが残っているので、それを圧搾する（プレスワイン）。

プレスワインは多くの場合、強い渋味があるので、このタイミングではブレンドせず、フリーランワインと

分けてマロラクティック発酵を行う。

マロラクティック発酵

　タンクや樽などの発酵容器にワインを満量入れて嫌気的な環境にし、18〜22℃でマロラクティック発酵を誘導する。マロラクティック発酵とは、乳酸菌によりワイン中のリンゴ酸が乳酸と炭酸ガスに分解されること。アルコール発酵で糖分が、マロラクティック発酵でリンゴ酸がそれぞれ分解されたことで、ワイン中で微生物が繁殖しにくくなって微生物的に安定し、腐敗しにくくなる。またワインの酸が下がり、爽やかなリンゴ酸からまろやかな乳酸へ代謝されたことで、柔らかさや複雑味が増す。

アッサンブラージュ

　複数の畑（区画）や品種のブドウをブレンドする際は、マロラクティック発酵が終わり、熟成を行うタイミングで実行する。フランス語でアッサンブラージュと呼ぶ。畑（区画）別、品種別に醸造したワインをブレンドすることで、口あたりからフィニッシュまでの味わいを構成する。また香りも豊かさを増す。プレスワインはこのタイミングでブレンドするか、熟成が終了してからバランスを考慮してブレンドする。

樽・タンク熟成

　長期熟成型のワインはマロラクティック発酵後、1〜2年間熟成を行う。

　樽による熟成では、酸素を介在したポリフェノール成分とアントシアン成分の分解、重合（じゅうごう）が生じる。成分が充分にある豊かなワインにおいては、この熟成において色が赤紫色で安定し、渋味は穏やかな方向へと熟成する。

　タンク熟成は多くの場合、ポリフェノール成分が少ない、またはフレッシュな味わいが魅力的なタイプのワインに用いられる。

澱引き

　マロラクティック発酵の終了後から樽熟成・タンク熟成中および熟成後に、析出（せきしゅつ）した酒石酸やポリフェノール成分を取り除くこと、また熟成に必要な酸素を供給する目的で澱引きを行う。容器内のワインの上澄みを別の容器に移すことで、底にたまった沈殿物を取り除く。

清澄・濾過

　過剰な渋味をやわらげること、ワイン中に含まれる酵母やバクテリアを取り除くこと、ワインの清澄度を確保するために清澄・濾過を行う。清澄には卵白やゼラチンを加え、過剰

なポリフェノールを沈殿させ、清澄させる。その後、酵母やバクテリアを濾過機で濾過する。ただし、過剰な濾過は痩せた味わいをまねく。

瓶詰め・瓶熟成

　清澄・濾過が終わったワインを瓶詰めする。半年から数年、瓶熟成をする。

ノンフィルター

清澄したワインを濾過せずにそのまま瓶に詰めることを「濾過しない」という意味で、「ノンフィルター」と呼ぶ。濾過によって酵母やバクテリアだけではなく、色やポリサッカライドといった、ワインの味わいに有用な成分も取り除かれてしまう。したがって瓶詰め直後のワインは、ノンフィルターのほうが豊かな味わいが維持されているのだ。一方で、ノンフィルターは瓶熟成中も微生物の影響を受ける場合がある。特にリスクとしては汚染酵母であるブレタノマイセスによるフェノレ（155頁参照）は注意が必要。また瓶熟成中に複雑さが生まれるが、濾過したワインと比べると熟成中の変化幅は大きい。

ワインの醸造法2 白ワイン

白ワインは果汁のみを発酵させて造るので、
すっきりした酸味のワインができる。

白ワインの原料は、果皮が緑色や淡い色の白ブドウ品種、甲州のようなわずかに赤みをおびた品種から造る。果汁だけを発酵させるため、黒ブドウ品種からも白ワインを造ることができる。ワインにとって大切な香り成分の多くは、果皮に存在している。またこれら多くの香り成分は、発酵前の段階ではアミノ酸や糖類などと結合しており、まだ香りを感じない。白ワインの製法において重要なことは、果皮に含まれる香り成分とその前駆体を圧搾によって果汁へと引き出し、発酵期間中に酵母が持つ酵素の働きによって香り成分が豊かに香るよう、遊離させることだ。つまり発酵前に、果皮に含まれる必要な成分をいかに選択的に抽出して、遊離させるかがポイントになる。

除梗・破砕

赤ワインと同様、病果や劣果を取り除く選果を行った後、効率的かつ効果的に果皮の成分を抽出するために果梗を除く。その後、果粒を軽く破けるように潰す破砕を行い、果汁を搾りやすくする。破砕後、酸化防止剤の亜硫酸を加える。

圧搾

破砕したブドウを圧搾機にかけて、圧力がない状態から圧力をかけてゆっくり圧搾する。圧搾した果汁はフリーラン・ジュースとプレス・ジュースに分ける。フリーラン・ジュースは圧力をかける前から軽く圧力をかけて搾った果汁、プレス・ジュースは圧力をかけて搾って出した果汁である。

発酵

デブルバージュ後(145頁参照)、フリーラン・ジュースとプレス・ジュースを別々のタンクに入れ、酵母を加えて約2週間発酵させる。発酵中に酵母の酵素の働きで品種を特徴づけるような香り成分が遊離する。また酵母が作り出す香り成分も生産され、ワインらしさが形づくられる。18℃以下の低い発酵温度にすると酵母が作り出す吟醸香と呼ばれるバナナやリンゴの香りが強く、品種特性が低いフルーティなワインになる。18〜22℃では品種特性が表現されたワ

インになる。小樽で発酵させる場合、発酵の初期に一時的に22℃を超える場合がある。22℃を超える高めの発酵温度によって発酵が一気に進むことに充分注意を払い、かつ果汁に含まれる香りなどの成分が充分にある場合は、この温度の影響で、より肉厚で複雑なニュアンスが出る。

マロラクティック発酵〜
樽・タンク熟成

一般的に白ワインはマロラクティック発酵を行わないが、樽熟成させるような重厚なタイプでは行う場合も多い。重厚なタイプのワインにおいて、マロラクティック発酵が終了した後は澱引きをせず、半年から1年ほどかけて熟成する。

一方、フレッシュ＆フルーティを持ち味とする白ワインは、発酵終了後、0〜6ヵ月程度タンクで酵母の澱とともに熟成をする。

澱引き

タンクや樽にたまった「澱」を残して、上部のきれいなワインを別容器に移す。

清澄・濾過

澱引きしたワインは、赤ワインと同様、清澄・濾過を行う。

瓶詰め・瓶熟成

清澄・濾過が終わったワインを瓶詰める。瓶詰めされてコルク栓をしたワインは、瓶熟成の段階に入る。ワインの瓶熟成期間は赤ワインに比べて短いのが一般的である。ただし、長期の熟成に耐える重厚な白ワインは、瓶熟成に数年をかけることもある。

ワインの醸造法3　ロゼワイン

赤と白、両方の特徴を持つロゼ。
醸造法の細部の違いによって、味わいが異なってくる。

色と味わいを変える4つの造り方

　ロゼワインは赤ワインと白ワインの中間のようなピンク色をしているため、「バラの花（rosé）」を意味するフランス語でこう呼ばれる。基本的な醸造の流れは右の図にあるとおりだが、造り方にはバリエーションがあり、ブドウの品種に加えて、造り方でも色や味わいが異なってくる。主な造り方は、セニエ法、直接圧搾法、混醸法、ブレンド法の4タイプである。

セニエ法

　黒ブドウ品種を用いて赤ワインと同じ醸造過程で破砕を行い、発酵前もしくは発酵の途中に果汁の色づき具合を見計らってタンク下部より果汁を引き抜き、果皮と分離させる。その後は、白ワインと同じ醸造過程で発酵させ、瓶詰めまで行う。意外に思うかもしれないが、発酵初期の果汁をセニエした場合は、色の濃いロゼワインになる。途中で果汁を引き抜く様子が血を抜くように見えるため、フランス語で「セニエ（血抜き）」と呼ばれる。

◎ロゼワインの基本的な醸造工程

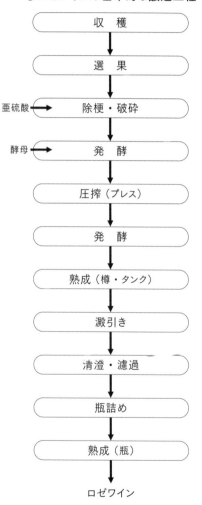

収　穫
↓
選　果
↓
亜硫酸 →　除梗・破砕
↓
酵母 →　発　酵
↓
圧搾（プレス）
↓
発　酵
↓
熟成（樽・タンク）
↓
澱引き
↓
清澄・濾過
↓
瓶詰め
↓
熟成（瓶）
↓
ロゼワイン

直接圧搾法

黒ブドウ品種を破砕した後、白ワインの醸造過程に沿ってワインを造る。圧搾したプレス・ジュースから、淡い着色のロゼができる。

混醸法

黒ブドウ品種と白ブドウ品種を混ぜて仕込み、赤ワインの醸造過程に沿ってワインを造る。

ブレンド法

赤ワインと白ワインをブレンドしてロゼワインを造る。だが、EU諸国では原則、この方法でロゼワインを造ることは禁じられている。ただし、ロゼシャンパーニュでは、赤ワインに白ワインをブレンドすることが、瓶内二次発酵前の工程として許可されている。日本ではスティルワインにも認められている。

ワインの醸造法4　オレンジワイン

近年注目されるようになった新たなジャンル。
だがそのルーツは意外と古い。

　白ブドウを赤ワイン製法で醸造をする。長期熟成にも耐えうる果皮や種に含まれる成分から豊かで複雑なワインとなる。アンバーワインともいう。

　オレンジワインは、白ブドウを赤ワインのように、果皮と種と果汁を一緒に醸造させ、熟成させたワインである。世界で最も古い歴史を持つとされるジョージアワインの伝統製法では、クヴェヴリ（Kvevri）と呼ばれる陶器の壺で発酵、熟成させる。その手法は、最古のワイン製法といえる。

破砕

　ブドウは軽く破砕をし、果皮、種、果汁、果梗を発酵容器に入れる。

発酵

　発酵は自然発酵で行うことが多い。発酵期間中に果皮、種、果梗に含まれる成分を抽出する。

熟成

　発酵容器そのまま、もしくは熟成のための容器に移し替える。果皮、種、果梗とともに熟成をする。ただし、発酵終了後に果皮と種、果梗は取り除き熟成させることもある。

　同じ白ブドウを原料としても、オレンジワインはポリフェノールを多く含み、酸化に強い。そのため、亜硫酸を使用しない、もしくは亜硫酸を少量のみ使用したワインが多い。

　一般的に骨格があり、タンニンを含み、強く、時には苦味を感じる豊かなワインになる。

　香りはワインによってフローラル、柑橘系、潰したリンゴ、干しブドウ、アーモンドやクルミ、スパイス、紅茶、蜂蜜、植物的、コーヒーや焼いたパンなど多様性がある。

　ピノ・グリ（ピノ・グリージョ）、リースリングのほか、日本では皮に渋味成分の多い甲州ブドウで生産されている。

ワインの醸造法5　スパークリングワイン

日本でもスパークリングワインを造るワイナリーが増えている。
その造り方はさまざまで、主に4つに分類される。

泡をどのように造るかで
製法が異なる

　スパークリングワインの醸造は、泡をどう造るかによって大きく4つの製法に分かれる。最も代表的なのが、世界のスパークリングワインを代表するフランス・シャンパーニュ地方の瓶内二次発酵方式である。ほかに、シャルマ方式、アンセストラル方式、炭酸ガス注入方式がある。

瓶内二次発酵方式

　白ワインの醸造法に従って数種類のベースワインを造り(一次発酵)、それらのワインをブレンドしたものに酵母と糖分を加えて瓶に詰め、仮栓をして発酵させる(瓶内二次発酵)。瓶内で発酵によって生じる炭酸ガスがワインに溶け込み、スパークリングワインになっていく。瓶内二次発酵が終わったら、酵母の澱とともに熟成させる。この熟成中に酵母が自己分解し、ワインに旨味や複雑さを生み出す。その後、瓶を倒立させて澱を瓶口に集め、澱抜きを行う。ワインの不足分にリキュールを補充し、

◎瓶内二次発酵の基本的な醸造工程

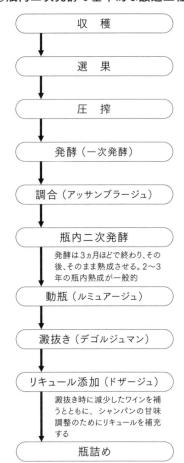

収　穫

選　果

圧　搾

発酵(一次発酵)

調合(アッサンブラージュ)

瓶内二次発酵

発酵は3ヵ月ほどで終わり、その後、そのまま熟成させる。2～3年の瓶内熟成が一般的

動瓶(ルミュアージュ)

澱抜き(デゴルジュマン)

リキュール添加(ドザージュ)

澱抜き時に減少したワインを補うとともに、シャンパンの甘味調整のためにリキュールを補充する

瓶詰め

口金付きのコルクで栓をする。

　最も手間と時間をかける製造法であり、良質なスパークリングワインが生まれる。この方法を「シャンパーニュ方式」と呼べるのは、フランスの法律によりシャンパーニュ地方で特定のブドウ品種から造られたスパークリングワインのみである。

シャルマ方式

　瓶内二次発酵方式における2回目の発酵を、シャルマ方式では瓶内ではなくタンクで行う。

　イタリアのプロセッコはこの方法で製造され、フレッシュなスパークリングワインが生産できる。

アンセストラル方式

　伝統的製法のひとつ。一次発酵の途中のワインを瓶詰めし、その瓶内発酵でできた炭酸ガスの量をコントロールしないまま澱抜きし、再び瓶詰めをして栓をする。ペティアンナチュール（ペットナット）もこの製造方法にあたり、日本でもこの方式を

採用する生産者は増えている。「リュラル方式」ともいう。

　また一次発酵を炭酸ガスが維持できる加圧タンクで行い、通常通りのアルコール発酵が始まった後、発酵後半にタンクを密閉して同じ発酵タンクでスパークリングワインを生産する方式もある。タンク内のスパークリングワインはガス圧を維持したまま、瓶詰めをする。早飲みで、かつフレッシュでフルーティなスパークリングワインに仕上がり、多くのランブルスコ（イタリア）など、甘口赤のスパークリングワイン製法に用いられている。

炭酸ガス注入方式

　スティルワインに炭酸ガスを吹き込んで造る。スティルワインの特性がシンプルに発揮できるフレッシュなスパークリングワインを短期間で製造することができる。日本では認められているが、EUなど海外の高級ワインでは禁止されているところもある。

ワインの醸造法6　特殊な甘口ワイン

貴腐ワイン、アイスワイン、酒精強化ワインなど
特殊な甘口ワインの製法がある。

　特殊な甘口ワインは、濃縮した甘味を引き出すさまざまな製法で造られる。スティルワインや発泡性ワインとは異なる伝統的な製法がある。主なものを分類すると、貴腐ワイン、アイスワイン、酒精強化ワイン（たとえばポートワイン、シェリーの甘口）が代表的であり、食前酒やデザートワインなどに用いられる。

貴腐ワイン

　一定の気候条件のもとで、完熟した特定品種の白ブドウにボトリティス・シネレアという菌が付着すると、この菌の働きで香りが変化し、ブドウが干しブドウ状に凝縮して糖分が高まる。この状態になったブドウを貴腐ブドウと呼び、これを醸造したものが貴腐ワインである。

　日本ではサントリー登美の丘ワイナリーで初めて1975年に収穫、醸造された。世界的にはフランス・ボルドーのソーテルヌ、ドイツのトロッケンベーレンアウスレーゼ、ハンガリー・トカイのエッセンシアが有名である。使われるブドウ品種は、リースリング、ソーヴィニヨン・ブラン、ケルナー、シャルドネ、リースリング・イタリコなどだ。

アイスワイン

　熟したブドウを収穫せず、冬を待ち、寒波で果実が凍ったところで収穫し、凍ったブドウをそのまま圧搾する。凍ったブドウから凝縮され

た甘味のある果汁を得る。それを発酵・熟成さ
せてアイスワインを造る。ドイツ、オーストリ
ア、カナダなどが有名産地である。また、ブド
ウを冷凍庫で人工的に凍らせてアイスワインと
似た味わいのワインを造る製法もあり、「クリ
オ・エクストラクション（氷結果汁仕込み）」と呼
ばれる。

干しブドウのワイン

　収穫したブドウを日陰干しなどで乾燥させる
ことで水分を蒸発させ、糖分が濃縮した乾燥ブ
ドウから甘口ワインを造る製法もある。代表的
なものは、レチョート、パッシート（イタリア）、
ヴァン・ド・パイユ（フランス）である。

酒精強化ワイン

　ワインにアルコール（ブランデー）を添加し、ア
ルコール度数を高めたワインのことを酒精強化
ワインという。英語ではフォーティファイド・
ワインという。発酵途中でアルコールを添加す
るとブドウの糖分が残っている状態で発酵が停
止するため、甘口となる（発酵終了後にアルコー
ルを添加すると辛口になる）。有名なものにポート
ワインがあり、除梗・破砕したブドウをタンク
で発酵させ、ブランデーを添加し、樽で熟成し
て産する。

発酵

ブドウがワインに変わるためには
酵母による発酵が欠かせない。

　ブドウには野生酵母やさまざまな微生物が付着している。ブドウの成分中には、ブドウ糖や果糖など発酵に必要な糖分が充分含まれる。そのため、果皮に付いた天然酵母が破砕したブドウに触れると、自然にアルコール発酵が始まり、ワインができる。ただ自然発酵は、望ましくない酵母が増殖したり、増殖が遅れて、果汁が酸化したり、果汁を変質させる酢酸菌などが増殖するリスクもある。順調な発酵とクリーンなワインのためには、「酒母」と呼ばれる発酵を開始させるための酵母を培養することが必要である。

　かつては、いくつかの少容量の容器にブドウを浸して自然発酵を待ち、良好な発酵と好ましい香気を示したものを選んで、これを酒母として用いていたが、現在は、多くの生産者は、純粋培養された酵母を増殖、もしくは乾燥酵母の状態でそのまま酒母として使用している。乾燥酵母はヨーロッパを中心とした銘醸地や各国におけるブドウや醸造所、発酵中ワインから優良株が選別され、その

特性に応じて酵母を選択することが可能になっている。

　一方で、伝統的なワイン産地やより自然に近い方法でワイン造りを志向する生産者においては、その土地特有の微生物の共存・調和の有り様を重んじ、自然発酵を行っている醸造所も多くある。

酵母とアルコール発酵

　発酵が酵母によって引き起こされることは、19世紀後半に、フランスの細菌学者パストゥールが行った数々の実験によって証明された。これを機として、近代的な醸造技術が模索され、進歩していった。

　酵母は単細胞性の微生物（菌類など）であり、多数の属・種・株がある。そのうち、ワインの醸造など食品加工に用いられる酵母は主に、「サッカロミセス・セレヴィシエ」という種である。この酵母の特色のひとつとは、グルコースを代謝発酵してエチルアルコールと二酸化炭素（炭酸ガス）に変換し、同時に熱を発生することであり、これをアルコール発酵と呼ぶ。

またこの発酵過程において、有機酸、高級アルコール、エステルなどの多様な代謝産物を生成する。なおビール、清酒、パン酵母も基本的にはワイン酵母と同一菌種の酵母である。

💡 知識をプラス！

アルコール発酵の化学式

$$糖分\ C_6H_{12}O_6$$

$$\downarrow\ \leftarrow 酵母$$

$$エチルアルコール\ 2C_2H_5OH$$

$$+$$

$$炭酸ガス\ 2CO_2$$

発酵のプロセスは上記の化学式で表される。式は簡単なものだが、発酵に伴う20ほどの複雑な化学反応が順序よく酵母体内の細胞中で起こっている。

ワインを造る酵母

ワイン酵母の各菌株は、発酵速度、発酵温度、亜硫酸耐性、芳香成分の生成量、そのほかの性質に差がある。培養酵母は亜硫酸耐性があり、こうした特性を把握して選択されてきている。

天然酵母

天然酵母を用いたワインは、複雑味に富んだワインを生みやすい。ただし自然発酵は酢酸菌の汚染などに注意が必要で、健全な果実の確保と、果汁から発酵に至る工程で、発酵開始までの観察、汚染を引き起こさない細心の注意が必要になる。

ブドウ由来の天然酵母を活用する場合は、少量のブドウをいくつか別々に破砕して、自然発酵を誘導して、順調に発酵したものを「酒母」として使用する。酒母から順調にアルコール発酵が誘導できたら、次の発酵にはこのワインを酒母として使用する。また容器などに酒母に由来する酵母が存在するので、その酵母によって、次からの発酵では自然に発酵を誘導することができる。

培養酵母

培養酵母は安定した酒質を得るために有効である。また造りたいワインのスタイルや果実の特性を最大限発揮させることにも有効である。

赤ワインでは造りたいワインのスタイルに応じて酵母の選択をする。

新酒には華やかさを生み出す酵母が向く。比較的色が淡いワインには、酵母の細胞壁にアントシアンが吸着されにくく、色の低下を起こしにくい特性を持った酵母が向く。また重厚なタイプのワインでは、酵母が生成するアロマが少なく、果実の特性を素直に引き出す酵母などが適する。

白ワインでは、品種特性香に着眼した酵母などがある。たとえば、ソーヴィニヨン・ブランの品種特性を引き出したい時は、香りの前駆体からこの特徴香を遊離させやすい特性を持った酵母を選択する。また品種特性香をマスクする4ヴィニルフェノールを生成しにくい酵母を選択してクリーンであることで、品種や土地の個性を感じるワインに仕上げることができる。

培養酵母は、粉末状に加工した乾燥酵母が主に用いられる。果汁などで適温にて増殖させて使用する場合が多い。

マロラクティック発酵と乳酸菌

マロラクティック発酵は、微生物的な安定を得るため、また酸をやわらげ、香りや味わいに複雑さを与えるために、赤ワインと一部の白ワインで行われる。この発酵では乳酸菌の働きでリンゴ酸が乳酸と炭酸ガスに代謝され、減酸することで酸がや

💡 知識をプラス！

マロラクティック発酵のプロセス

> リンゴ酸

↓ ←乳酸菌

> 乳酸

＋

> 炭酸ガス

マロラクティック発酵の間は、リンゴ酸の減少の様子をよく観察し、発酵終了後すみやかに濾過などで余分な微生物を取り除き、ワインを安定した状態におくことが大切となる。

わらぐ。また乳酸菌を含む野生の菌類の栄養源となりうるリンゴ酸が消失することで乳酸菌による再発酵や汚染リスクが軽減する。

マロラクティック発酵は、ワイン中に存在している乳酸菌の働きによって環境を整えることで自然に発生するが、発生遅延による好ましくない香りが発生するリスクがあるので、確実に行いたい時は乳酸菌のスターター（酒母）を添加する。

マロラクティック発酵を誘導する理想的な条件は次のとおり。
- ●ワインの温度／20℃前後
- ●pH／3.0〜3.8
- ●亜硫酸／アルコール発酵終了後に添加しない
- ●アルコール度数／13％以下
- ●容器は満量にするなど嫌気的な状

態を作る

上記の条件下で、酵母が代謝できない微量の糖類と窒素分、ビタミンBなどを栄養源として乳酸菌はリンゴ酸を乳酸へと代謝する。

またマロラクティック発酵は30〜40日間が目安。リンゴ酸の減少の様子をよく観察し、発酵終了後に亜硫酸を添加して微生物の繁殖を防ぎ、酸化を防止することが大切だ。

亜硫酸の役割

亜硫酸（SO_2）は酸化防止剤として知られているが、酸化防止をはじめ、以下の働きをしている。

アルコール発酵前〜発酵中
●**酸化防止**／文字どおり、果汁やワインの酸化を防止する働きである。亜硫酸は酸素と結合して、果汁やワインに溶け込んだ酸素を減少させる効果がある。
●**微生物の増殖防止**／亜硫酸は果汁やワイン中の pH においては、重亜硫酸イオン（HSO_3^-）と分子状亜硫酸の状態で存在している。分子状亜硫酸には、酵母や乳酸菌や酢酸菌など微生物の増殖を防ぐ効果がある。
●**アセトアルデヒドと結合**／リンゴが潰れて酸化した際に感じる不快な香りがアセトアルデヒドである。ワインが酸素に触れると化学的な酸化が起き、エチルアルコールから少量のアセトアルデヒドを生成する。同じく好気的な条件で酢酸菌が増殖す

ると、エチルアルコールから酢酸を生成するとともに、アセトアルデヒドも生成する。発酵中には酵母からもアセトアルデヒドが生成される。亜硫酸はこのアセトアルデヒドと特異的に結合する性質を持っている。

このように亜硫酸の役割は酸化防止だけでないため、ワイン製造においては、どのようなスタイルのワインを造りたいかによって、使用量や使用のタイミングが非常に重要である。果実を破砕した時点、または圧搾した時点で亜硫酸を入れ、酸化を防止するとともに汚染菌の繁殖を防ぐ。醸造用の酵母は亜硫酸耐性を持っているため、野生酵母やそのほかの微生物が増殖しにくい環境を作ることで、自然発酵の場合も培養酵母を使用する場合も有効である。発酵中に果汁に溶け込んだ亜硫酸は、少量生成するアセトアルデヒドとも結合する。

アルコール発酵後

　アルコール発酵が終了した時点で、酸化防止と汚染菌の増殖を抑えるために亜硫酸を添加する場合もある。マロラクティック発酵を誘導する際は、乳酸菌の増殖を阻害しないよう、亜硫酸は添加せず、マロラクティック発酵が終了してから添加する。

　熟成中は、亜硫酸が酸化によって減少する。そのため、ブレタノマイセスなどの汚染酵母や酢酸菌などの汚染菌が増殖しないように、必要に応じて亜硫酸を添加する。

　最後にブレンド、濾過などを行う際、瓶詰め前に酸化防止のために添加する。

過度な亜硫酸の使用に代わる手法

　過度な亜硫酸の使用は、ワインの個性を失うリスクもあり、使用は常に最小限にとどめる。亜硫酸に頼らずにワインに個性を与える重要な技術には、以下のようなものがある。
①果実、酵母が有する酸化防止の力（グルタチオン、ポリフェノールなど）の活用。
②積極的に酸化をさせ、酸化に弱い成分をあらかじめ減少させる方法（ハイパー・オキシデーション）。
③発酵によって生まれた炭酸ガスによる酸化防止の力の活用。

ワインの醸造技術

ワイン造りには独特の醸造技術や操作がある。
特に重要なテクニックを紹介する。

ホールバンチプレス

　白ワインの醸造技術で、房ごと圧搾機に入れ、搾る方法をいう。白ワインの醸造では、効率的かつ効果的に果皮に含まれる香り成分を引き出すため、除梗・破砕後、ただちに圧搾してワインとなる果汁を取り出すのが一般的である。これに対してホールバンチプレスは、より繊細で香り豊かなワインを醸造する方法で、時間をかけて低い圧力から徐々に圧力を高め、果梗や果皮を引きちぎることなく果皮に含まれる香り（および前駆体）成分を丁寧に抽出する。

　また果汁が果梗、果皮を通過する間の濾過効果によって、清澄度の高い繊細な果汁を得ることができる。果実にしっかり香り成分があることが前提で、高級ワインに向いた圧搾方式である。シャンパンやブルゴーニュの高級ワインなどで採用される方法である。

スキンコンタクト

　接触によって果皮の香気成分を引き出す白ワインの醸造技術のひとつであり、「マセラシオン・ペリキュレール」とも呼ばれる。ブドウの果皮と果肉の間には香気成分が多く含まれており、果皮と果汁を短時間で分離する一般的な方法では、せっかくの香気成分が果汁に移行しないということも生じる。これを解決するための技術がスキンコンタクトである。

　スキンコンタクトは、香りを最大限に引き出す方法だといえる。しかし、渋味成分であるポリフェノール、青臭さのあるヘキサノールなどを多く生成する方法であるため、香りの総量やボリュームには寄与するが、品種特性や繊細さには欠けることがある。また果皮と果汁を接触させることから、ブドウの状態や品種が制限され、果粒は健康に熟したものに限られる。温度と浸漬の最適時間の見極めも重要だ。

　造りたいワインのスタイルとブドウのポテンシャルをよく見極めて選択することが重要である。

デブルバージュ

　果汁の不純物を発酵前に取り除く、発酵前の果汁（マスト）を清澄化する作業のこと。主に品種特性を表現した白ワインを造る際に行われる。圧搾した果汁には、濁りがあり、その

まま白ワインの発酵を行うと、重たい酒質になったり雑味が出たりすることがある。それを避けるため、搾った果汁を1〜2日ほどタンク内に静かに置き、濁り成分をタンクの底に沈ませる。その後、きれいな上澄みの果汁だけを別タンクに移し、発酵を始める。

デブルバージュの間は、15℃以下の温度でアルコール発酵が始まるのを防ぎつつ、果汁に含まれる酵素が清澄に寄与する条件で行う。また、遠心分離機や濾過によって不純物を取り除く場合もある。なお、果実がよく、かつ健全に熟している場合にはこの濁り成分は少ない。またホールバンチプレスでは濁り成分が少なく、スキンコンタクトでは多い。

シュール・リー

フレッシュさ、果実香を保ちつつ、酸化しにくい強い酒質を得るために行う。フランス・ロワール地方で造られるミュスカデの伝統的な製法技術であるとともに、ブルゴーニュのシャルドネなど長期熟成型ワインにも広く採用されている技術である。

発酵が終了した後、酵母を取り除かずにそのまま熟成する技術をいう。酵母にはワインを酸化させにくくするグルタチオンという成分が含まれ、シュール・リー中にワインに溶出する。また酵母が自己分解をしてアミ

ノ酸を溶出し、複雑さを付与する。さらに不安定なタンパク質による濁りの発生を防ぐマンノプロテインという糖タンパク質成分も溶出し、軽い前処理で瓶に詰められるメリットがある。香り豊かな状態で、かつ長期熟成に耐えうる酒質を得ることができる。

コールド・マセレーション

赤ワインの香りを豊かにするテクニック。タンクに入れた果実を5℃にて5〜15日程度冷却する。その後、15℃程度まで温度を自然に、もしくは加温をして戻す。それ以降は通常の赤ワイン同様に発酵をさせる。発酵前のマセレーションおよび温度上昇の際に、香り成分、果皮からアントシアンやタンニンが抽出され、結果として香り豊かなワインに仕上がる。ちなみに果実が未熟だと、好ましくない香りや粗さが目立つので逆効果。

マセラシオン・カルボニック

フルーティな赤ワインを産するテクニック。ブドウを除梗・破砕せずに房のまま発酵容器に入れ込み、数日間置く。その後、細胞内発酵した房を圧搾し、さらに白ワインのように発酵させる醸造方法である。自重で潰れた一部の果実がアルコール発酵し、炭酸ガスが発生する。ブドウ

をタンクに投入後、外部からガスを吹き込む方法もある。タンク内はこの炭酸ガスで嫌気的な状態になる（炭酸ガスでマセレーションするので、フランス語で「マセラシオン・カルボニック」。日本でもこの名称で呼ばれることが多い）。嫌気的な状態に置かれた果粒内部では細胞内発酵が起こり、酵母の関与がなく、1.5〜2.5％のアルコール分が生成し、炭酸ガス、グリセロール、コハク酸などが生成、リンゴ酸の減少などの変化が起こる。酒質は鮮やかな色、特有の甘くフルーティな香りが生まれ、比較的タンニンの少ない、軽いタイプのワインに仕上がる。

セニエ

　赤ワインを濃縮させるテクニック。セニエは、フランス語で「血抜き」という意味を持ち、フランスのボルドーでよく行われている。軽く破砕をした果実をタンクに入れた後に果汁を下部から抜き取ることで、残った果汁に対する果皮と種子などの固形物の比率を高める。これにより色素や味わいが増し、濃厚な赤ワインが得られる。血抜き法のネーミングは、赤みがある果汁を抜き取る様子からきている。

　セニエの技術は、ロゼワインの醸造法にも応用されている（133頁参照）。なお、果実の完熟度が低かった

り、未熟な状態である場合にセニエをすると、未熟さや粗々しさが強調され、逆効果である。

ピジャージュ

　発酵中に浮き上がってきた果帽（果皮）を発酵中、ワインに押し混ぜる作業。赤ワインの「醸し」のテクニックのひとつであり、伝統的な手法である。アルコール発酵が始まると、炭酸ガスの発生に伴って果皮が液体表面に浮き上がってくる。その様子が帽子のように見えることから、液体上部に浮き上がった果皮や種子からなる層を「果帽」と呼ぶ。果帽が表面に浮いたままだと、空気中の細菌に汚染されやすくなる。また、果皮からの成分抽出もスムーズに進みにくい。それを防ぐため、上部から櫂棒を入れて果帽を突き崩すように混ぜる。この作業を行うことで、色素やタンニンなどの成分が液体中に抽出され、赤ワインの色味と味わいが造られる。

ルモンタージュ

　ポンプによる循環で果帽からの成分抽出を促す手法。赤ワインの醸し技術の中で、現在も広く行われている。ピジャージュの項で述べたように、赤ワインのアルコール発酵中には、果皮や種子などの固形物が液体表面に浮いて果帽が現れる。ルモン

タージュではこの果帽は崩さず、固
形物と液体が混ざるようにポンプに
よりワインを循環させる。タンクの
下部から発酵液を引き抜き、ポンプ
の循環によって上部からそれを散布
する。これにより、果皮や種が常に
液体に浸たされた状態となり、色素
や各種の成分が抽出されやすくなる。
ちなみに、ルモンタージュのほうが
ピジャージュよりも抽出は緩やかで
ある。

ワインの熟成

発酵を終えたばかりのワインは荒々しい。
熟成を経ることで、飲み頃を迎える。

樽熟成

ワインと酸素が接して酸化的熟成が起きる

　熟成には、樽熟成と瓶熟成の2段階があり、樽熟成では酸化的熟成、瓶熟成では還元的熟成が起こる。これによって、ワインに複雑味、円熟味、芳香が加わってくる。

　樽を用いた熟成は、醸造で引き出したワインの個性を、造りたいスタイルに向けて「育てる」プロセスといえる。フランス語ではこの熟成は「エルバージュ」と呼ばれ、家畜を育てることと同様の表現を使っている。発酵を終えて澱引きしたワインは、赤ワインであれば、すでに果皮に含まれていたポリサッライドと結合したタンニンなどの影響もあり、甘さやまろやかさは有している。しかしまだ色は安定せず、発酵に由来する未熟な香りや、荒々しさも持っている。そのため、若飲みのタイプなどを除き、樽かタンクに貯蔵され、熟成を行う。

　樽またはタンク内は、ワインと空気がある程度触れ合う環境にあり、酸化反応による穏やかな化学変化が起こる。それが、時とともにワインの味と香りを変えていく。さらに、ワインが空気に触れる機会は、熟成中の澱引きに伴う別容器への移動や、蒸発によるワインの目減りを防ぐためのワインの補充（補酒。「ウィヤージュ」と呼ばれる）など。また樽の場合は、木材を通じて少量の空気が樽内に入り込み、酸化的熟成が進む。

瓶熟成

還元的熟成によって香り、味わいを増す

　樽熟成を経たワインは、香りと味わいを増しているが、まだ円熟味を欠く。そのため、瓶詰めされた後に瓶熟成が行われる。樽熟成が酸化的熟成であるのに対し、瓶熟成は、瓶とコルク栓によって空気を遮断した状態で起こる還元的熟成である。樽熟成によって安定感を持ち、香りと味わいを増したワインは、さまざまな還元的熟成を経ることで、いっそう複雑味を得て、まろやかで円熟したワインになっていく。

　たとえば、赤ワイン中に溶け込むポリフェノール類であるアントシアンやタンニンなどは、時間を経るにしたがい重合し、分子が大きくなる。これによって、ワイン中のタンニンは、まろやかな味わいに感じるようになる。また、香気成分であるエステル類も化学変化を受けやすく、樽熟成で生まれたアロマが、熟成した香りであるブーケに変わっていく。

瓶熟成をスムーズに進める条件

　瓶熟成に入る前は、ワインを樽やタンクから瓶に移して詰め、コルク栓をする作業を行う。ワインはここで空気に触れることになり、酸化反応によって香りと味わいのバランスがわずかに崩れる場合がある。通常、瓶詰めから3～6ヵ月ほどを経ると、樽熟成直後の安定感が戻ってくる。瓶熟成の理想的な条件としては、強い光と振動がない状態で、一定の温度を保つ。温度は12℃以下では熟成は非常にゆっくりで、18℃以上では加速するため、15℃前後がよいとされる。

💡 知識をプラス！

酸化熟成が速すぎるワイン

偉大なワインは時間をかけて熟成し、柔らかさやブーケを生み出す。一方で酸化現象で早期に本来のキャラクターを失うワインもある。

白ワインでは、フルーツ由来のアロマが急速に失われ、樹脂や酸化した蜂蜜のような重たい香りが発達する。これらはミネラルや焙煎したような還元的なブーケを損なってしまう。この成分は酸化によって引き起こされ、2アミノアセトフェノンという物質で、ナフタレン、アカシアの花のような香りが特徴である。またソトロンという甘い香りも見られる。これらを防止するために有効なのがシュール・リー。シュール・リー中に酵母から溶出するグルタチオンはこれら酸化の防止に寄与する。

赤ワインでは、瓶熟して数年後にプルーンや焼いたフルーツといった酸化したニュアンスが現れることがある。これは3メチル2,4ノナネディオン（MND）という物質であることが、近年確定した。同じ醸造所で瓶熟した古いワインをファーストワイン（グランヴァン）とセカンドワインで比較すると、セカンドワインのほうがMNDが高い傾向がある。これはワイン自体の酸化に対する強さの違いや、本来、還元的である瓶熟中にも透過する微量な酸素の影響によると考えられる。

ワインの貯蔵容器

ワイン熟成のための貯蔵容器は樽が主流。
近年はステンレスタンクも増えている。

樽

樽の特徴と個性の違い

空気に穏やかに触れることで、緩やかな酸化反応が起こり、ワインが熟成し、色も安定する。木材の香りと味わいがワインに付与され、複雑味が加わる。これらの特徴を生み出す特性を大きく分類して3つの機能を説明する

●**酸化熟成の促進**／樽は木でできた容器であるため、少量の酸素が透過する。また樽熟成中に行う澱引きの際にはその行為によってワインに酸素が供給される。この樽熟成中にワインは酸素を介在して、ポリフェノールの重合とともに色の安定化がなされ、味わいはまろやかさを帯びてくる。

●**樽成分の溶出**／樽には色、香り、味わいに寄与する揮発性および不揮発性の成分がある。樽熟成中にこれらの成分がワインに溶け込み、ワインはヴァニラ、コーヒー様の香り、木の風味などさまざまに表現される樽に由来する特徴を獲得する。

●**安定性の確保**／樽熟成中にワインに含まれる色、香り、味わいの成分であるアントシアン、タンニンの成分が重合し、一部は澱として沈殿する。また澱引きを行うことでこの澱は取り除かれる。樽熟成においてワインはより安定した状態を獲得する。

樽の個性の違い

どのような樽で熟成させるかで、仕上がるワインのスタイルは異なる。そのため、試行錯誤をしながらめざすスタイルに合う樽を見つける。その樽の違いを詳しく解説する。

●**木の由来の違い**

樽はナラ・カシ類の木を原料としており、種や産地で色、香り、味わいに与える影響は異なる。たとえばフレンチオークを代表するセシルオークは香り・タンニンのバランスがよい。フレンチオークでもブランデーによく使われるコモンオークは、香りに対してタンニンの溶出が多く、樽に由来する渋味が多い。またアメリカンオークは香りの成分が多く、タンニンの溶出は少ないので、樽香の強いワインになる。

●**樽材の乾燥による違い**

樽材は原木を切り出し、板状にした後、一定期間乾燥させる。この乾燥期間に微生物の働きで「材の熟成」がなされ、香りや味わいがワインにとって好ましい方向に変化する。

◉樽の焼き具合による違い

樽は組み立てる際、板を曲げて加工するために加熱が必要である。またワインへの香味を考慮して意図的にも内面を焼く。一般的には、軽めに焼けば材に由来する香りが強く、中程度から強めに焼けば焙煎した成分が増える。

◉樽メーカーの違い

メーカーによって調達する材、材の乾燥、焼き方、ならびに加工において独自の技術・ノウハウを有している。そのため、メーカーの違いが香味の違いとして大きく現れる。

◉新樽と古樽の違い

新樽は酸素の透過が古樽よりも多いため、酸化熟成が早く進む傾向にある。また樽の使用期間が長くなるほど、香り、味わい成分の溶出は少なくなるため、新樽のほうが古樽よりもこれらの溶出が多い。また古樽は異臭の原因になりやすいため、その使用方法は注意が必要となる。

木製樽の手入れ

使用後の処理と使用前の点検が重要である。品質のよい樽であっても、使用後の手入れや保管が適切でない

輸送のためにラッピングされた新樽。

と、有害な微生物やカビに汚染されることがある。木製樽に汚染が起きているのを見逃してワインを熟成した場合、ワインの劣化は免れなくなる。

樽は使用後に適切に手入れすることが重要である。手入れ後は、樽内は硫黄燻蒸を行い、密閉状態で清潔で匂いのない場所に保管し、必要に応じて硫黄燻蒸を行う。再使用の前には、汚染がないかどうかを入念に確認する。木製樽の手入れの概要は、以下のとおりである。

◉**新樽**／新樽は乾燥による漏れ防止のために鏡にあたる部分は水で膨潤させる。またオガクズ様の香りがワインに付くリスクがあるので、必要に応じて樽内部は水洗する。

◉**古樽**／一度熟成に使った樽は「古樽」と呼ばれる。使用後は、熱湯を張って洗う。その後、再び熱湯で洗ってから硫黄燻蒸をして、密閉して保管する。

◎世界の主な木製樽

使用地域	容量（単位／ℓ）	樽の呼称
フランス／ボルドー	225	バリック
ブルゴーニュ	228	ピエス
シャンパーニュ	205	ピエス
ド　イ　ツ／モーゼル	1000	フーダー
ラインガウ	1200	シュトゥック
イタリア／バローロ	約500	ボッテ
スペイン／シェリー	約600〜650	ビュット、ボタ

［資料／『ワインの教本』など］

ステンレスタンク

　酸素と微生物を遮断して保存できるワインの貯蔵容器として、1980年代からステンレスタンクが普及してきた。ステンレスタンクの利点としては、以下のことが挙げられる。
◉酸素や有害な微生物を遮断して貯蔵でき、ワインを酸化や劣化から守りやすい。
◉密閉状態で貯蔵するため、蒸発が起こらず、ワインの欠減がない。
◉温度コントロールを容易に行える。
　一方、容器からの成分の溶出などがないので、木製樽によるような熟成のメリットは得られない。つまり、緩やかな酸化的熟成によるタンニンや色の安定、木材の香りやフレーバー、複雑味や凝縮感を得ることは難しい。そのため、ステンレスタンクでの貯蔵は、フレッシュさを維持したいワインに向いているといえる。

ワインの瓶、栓（コルク、スクリューキャップ）

瓶詰めと保管に欠かせない瓶とコルクには
いろいろな種類と機能がある。

●**瓶**／ガラス素材のものが主である。ガラスは酸素を透過しないため、酸化させないための容器として優れている。色は無色、緑、茶色などあるが、光によってワインは劣化するので、色の濃さはワインの品質保持に大きく影響する。長期熟成させる容器としては、色がある瓶が有効である。

●**コルク**／コルクはコルク樫の表皮を原料とする。表皮からくり抜いて成形したものが天然コルクである。またコルクを砕いて、バインダーで固めたものが圧搾コルクである。さらに細かく砕いて固めたタイプをテクニカルコルクという。

コルク樫由来でない、プラスティック製のものを樹脂コルク、または合成コルクという。

表皮からくり抜いた天然コルク。

●**スクリューキャップ**／キャップの下部にスカート部が一体となった「スティルヴァン」や、スカート部がないタイプ（PPキャップ）などがある。

💡 **知識をプラス！**
酸素の透過性の違い
瓶での熟成は酸素透過しない容器での還元的な熟成であるが、栓の違いで微量な酸素をワインに与える。最も酸素の透過性が高いのは樹脂コルク、次に天然コルク。テクニカルコルクは酸素の透過性が非常に低いものから天然コルクよりも高いものまで幅がある。スクリューキャップはキャップのライナーの素材によって酸素の透過性が異なる。最も酸素の透過性が低いのは、金属を樹脂でラミネートしたタイプの素材だ。したがって樹脂コルクは長期熟成には向かない。天然コルクは微量の酸素は透過するが、天然物なのでばらつきは多い。なお高級ワイン用は、良質なコルクを選別して使用している。

💡 **知識をプラス！**
スクリューキャップの方がいいのか？
酸素の透過性が最も低いスクリューキャップ（ライナーが金属をラミネート）が最も優れているのだろうか。ボルドー大学で行われたある実験では、ワインが還元的になりすぎて、還元臭が発生するというリスクもあるとされた。つまり、ワインのタイプに応じて栓を選ぶことが重要なのだ。

ワインのオフフレーバー

酸化をはじめ、醸造の過程を経たワインには
さまざまな劣化のリスクがひそむ。

酸化臭
●潰したリンゴ、シェリーのフィノ、酢、接着剤、紹興酒のような香り

　ワインが酸化すると、化学変化によってエチルアルコールからアセトアルデヒドなどのリンゴを潰したような香りが生成される。色味は茶色っぽくなり、芳香も失われる。

　また産膜酵母によっても生物的な酸化が起こる。シャリーのフィノにおいては、ポジティブだが、通常のワインにおいては汚染として捉えられている。

　発酵が終了した後、空気と触れる状態で熟成をするとアセトバクター（酢酸菌）によってアルコールに酢や接着剤（酢酸エチル）のような香りが発生する。過剰に起こるとワインは酢になってしまう。酢や酢酸エチルを生成する微生物汚染はこれ以外にも、乳酸菌による糖代謝、グルコノバクター（糖を代謝する酢酸菌）による糖代謝からも発生する。

　これらの酸化臭を防止するには、醸造過程で亜硫酸（143頁参照）を適切に使用すること、熟成・貯蔵中の空気遮断と温度管理を徹底することなどが重要となる。

フェノレ
●白ワイン／4-ヴィニルフェノール（バンソウコウ臭）、4-ヴィニルグアイヤコール（カーネーション臭）
●赤ワイン／4-エチルフェノール（馬小屋臭）、4-エチルグアイヤコール（燻製臭）

　白ワインの場合は、果実に含まれるポリフェノール成分が醸造用酵母の酵素の働きで代謝されることで生成される。赤ワインの場合は、同じく果実に含まれるポリフェノール成分から汚染酵母ブレタノマイセスの酵素の働きで生成される。

　白ワインにおいては、ポリフェノール成分が多い甲州などは生成しやすい。そこで代謝する酵素を持たない醸造用酵母が選別されており、酵母を選ぶことで生成量を抑えることは可能である。また赤ワインは多くの場合、樽熟成中に発生する。醸造所を含めて、熟成庫を清潔にすること、低温でワインを貯蔵すること、亜硫酸の管理を徹底することで防止する。

還元臭
●硫化物を含有する心地よくない香り

還元と呼ぶが、酸化した状態の場合もある。主な還元臭としては、酵母の代謝に由来するものがある。発酵中の果汁の中に窒素成分が不足していると、ゆで卵や硫黄の香りといえる硫化水素やメタンチオール、メルカプタンなどの硫化化合物が発生する場合がある。また、紫外線および可視光の影響によって「日光臭」と呼ばれる還元臭が発生することがある。この現象はビタミンB2が還元型となることによる。メチオニンがメタンチオールになり、ゆで卵や硫黄の香りのもとになる。これがさらに酸化によって、たくあん漬けやアスパラガスのような香りのジメチルジスルフィドが発生する。

コルク臭・TCA
●古びた段ボールや湿っぽいカビ臭さ
コルクに含まれるごく微量の塩素化合物がカビによって代謝されて生成したトリクロロアニソール（TCA）が原因成分である。この成分があると嗅覚経路が遮断されて香り自体を感じにくくなる。つまり、よい香りがマスキングされた状態になる。塩素系の防カビ材を塗布した木材などが汚染源となる場合もあり、醸造所内や資材は塩素系の防カビ材を使わないことが重要である。フランス語でコルクをブションということから、「ブショネ」とも呼ぶ。

カビ臭
TCA以外にもブドウに青カビが発生して、ジオスミンが生成する。これがワインに入ると、少量でも青臭い香り、湿った土の香りがあり、ワイン本来の香りが感じられなくなる。保管状態が悪い包材やコルク、樽からも汚染することがある。

第6章

保存と管理

《執筆者》

五味丈美
㈱サヴール五味　代表取締役
「ビストロ・ミル・プランタン」オーナー
page 158−179

本間るみ子
NPO法人チーズプロフェッショナル協会会長、
㈱フェルミエ取締役会長
page 182

page 180−181……日本ワイン協会
page 184−185……安蔵光弘（メルシャン㈱ シャトー・メルシャン ゼネラル・マネージャー）

ワインを楽しむ前に
知っておくべき知識

ワインにとって、管理・保存は手がかかるが、一定の知識を
備えておくことで、T.P.O. に合わせてワインを選び、楽しむことができる。

ワインの理想的な保存条件

あるワインをいかに保存するか、これも大切だが、それ以前の問題として、このワインは醸造所（ワイナリー）から出荷された後にどのようなルートで、どのくらいの日数をかけて酒販店に届いたか、私たちの手元に届いたかも大変重要である。

瓶詰後も熟成を続けるワインが快適な旅をして、ゆっくり運ばれてきたであろうか。また、コルク栓の場合はコルク臭の原因となるTCA（トリクロロアニソール）の発生原因を排除した材質を使用するなどの配慮も必要だ。

さて、ワインにとっての大敵は、温度差、湿度、光、熱、匂い、振動などで、品質に深く関わってくる。また、日本は四季があり、海外と比較しても温度、湿度の変化が激しく、夏は大変暑い日が続き、35℃以上の日が半月も続く。そこで保管の重要性が増す。地下室が理想的だが、なかなかそうはいかないのでワイン専用セラーがあると望ましい。

ワインの理想的な保管条件は以下である。

◉温度は年間を通じて12～14℃が望ましい。継続的に、または、激しい温度差が続くと、ワインはバランスを崩して変質する。

◉湿度は70％前後が望ましい。湿度が低いと瓶を横にしてもコルク栓上部が乾燥してワインが劣化、酸化し、湿度が高すぎるとエチケットにカビなどが生えて汚れてしまう。エアコンによるコルク栓の乾燥にも注意する。

◉光は避け、暗所へ保管する。必要な時のみ白色光で点灯する。長時間、ワインに光が当たっているとワインの劣化要因のひとつとなる。また、太陽光の熱や紫外線の影響により、若いワインにもメイラード反応が起き、カラメルのような香りと褐変化する要因になる。これはワイン中の成分の化学反応により変質してしまうもので、注意が必要だ。

●必ずエチケットを上にして横に寝かせ、ワインがコルク栓に接しているようにする。コルクの乾燥とワインの酸化防止のため。今日では、スクリューキャップ（スティルヴァン）を使用したワインも増えているので、立てて保存しても差し支えないが、エチケット保護や収納という意味では、ほかのワインと同様、横に寝かせることを勧める。

●匂いの強いものと一緒にしない。魚や香りの強い野菜、チーズ、柑橘類などと同じ場所に置くと、コルク栓が匂いを吸収し、ワインにもこれらの匂いが移行する。

●振動を避ける。冷蔵庫のモーターなど、些細な振動もワインには悪影響となる。繊細なワインのバランスが崩れやすくなってしまう。

💡 **知識をプラス!**

ワインを非常に低温状態の場所に保管しておくと、抜栓時にコルクの液面に接していた部分や瓶内の底にキラキラとした結晶が見られることが時々ある。これはワイン中に含まれる酒石酸の結晶で、ワインの劣化や異物ではない。

💡 **知識をプラス!**

エチケットを上に向けて寝かせても、湿度が高すぎる状態に保管しておくと、特に夏場はボトルの表面が結露してエチケットが湿った状態になる。そこにほかのボトルをのせたりすると、エチケットが擦れて破れる可能性があるので、横にする前にボトルをラップで包んで置くとよい。

飲み頃 & サービス温度

ワインの本質、素敵な香り、素晴らしい味わいを楽しむために、
飲み頃、提供する温度を見極めることが大切である。

ワインの一般的な飲み頃の認識

　品種、テロワール、ヴィンテージ（収穫年）、醸造方法、ワインのタイプ（白・ロゼ・赤・オレンジ・発泡性・酒精強化）によって飲み頃はそれぞれ異なる。フレッシュな状態で楽しむ若飲みタイプのワインもあるが、長い熟成による複雑なアロマを醸し出し始め、まろやかに感じると、一般的には飲み頃を迎えたと判断する。

　含まれる多くの成分がワインによって異なり、熟成の期間で複雑さへと変化する。それらを理解することには経験が必要だが、大まかな飲み頃の目安を予想することができる。近年では日本ワインも甲州やシャルドネ、マスカット・ベーリー A やメルロといった日本のヴィニフェラ系品種、交雑品種において、若飲みだけでなく、熟成してからおいしさを増すワインが増えてきている。

◎ワインの一般的な飲み頃の目安（発酵終了後からの年数）

ワイン種別	年数
日本・赤	1〜15年
日本・白	1〜10年
ボルドー・赤	4〜10年（上級ワイン5〜50年）
ボルドー・辛口白	2〜5年（上級ワイン3〜10年）
ボルドー・甘口白	3〜80年
ブルゴーニュ・赤	2〜8年（グラン・クリュ4〜30年）
ブルゴーニュ・白	2〜6年（グラン・クリュ4〜30年）
シャンパーニュ	2〜5年（ミレジメ4〜10年）
ロゼ	1〜3年
オレンジ	1〜5年
ライン・モーゼル	2〜5年（甘口5〜80年）

💡 知識をプラス！

熟成年数、飲み頃年数は、品種、生産者、収穫年、畑によって差が出てくることもあり、たとえば貴腐ワイン、高級長期熟成型白ワイン、赤ワインなどは銘柄によっては、左図以上の年数を要する。

ワインのサービス温度

　ワインはサービス次第で、素晴らしいワインにも、感動なく終わるワインにもなりえる。ワインの持ち味を最大限に引き出し、おいしく提供するために、温度は最も大きく印象を変えるファクターのひとつである。カジュアルなワインもワンランク上の味わいに感じたりもする。最適温度を把握するためには多くの経験が必要であり、最も学ばなければならないテクニックのひとつである。

　温度による味わいの変化、違いを以下に挙げる。

温度を下げると……
●フレッシュ感、果実味を際立たせる
●酸味が引き締まりシャープな印象、スマートな印象を感じる
●ブドウ品種の個性である第一アロマ、ワインのタイプによっては第二アロマが感じられる
●ドライ感と渋味・タンニンを強く感じる
●アロマの複雑性が消えていく

温度を上げると……
●第二アロマやブーケが大きく広がる
●複雑性が高まり、香りや味わいが豊かに感じる
●甘味はさらに強く感じる
●タンニン、酸味は柔らかく心地よい印象になる
●余韻が長く印象的になる

　ワインのタイプ別飲用温度は、以下が目安となる。
●重いタイプの赤ワイン／18〜20℃
●やや重いタイプの赤ワイン／16〜18℃
●軽いタイプの赤ワイン／12〜14℃
●重いタイプの辛口白ワイン／10〜14℃
●プレステージシャンパーニュ／8〜12℃
●辛口タイプのロゼワイン／8〜10℃
●軽いタイプの辛口白ワイン／6〜10℃
●甘口ワイン、甘口タイプのロゼワイン、スタンダードシャンパーニュ／6〜8℃

　バラエティー豊かなワインはタイプがさまざまであり、前述は一般的な飲用温度であるので、ある程度の幅（さらに1〜2℃）を持って考える

と実用性が高まる。また、ワインは5℃以下に冷やし過ぎると芳香性や味わいを感じにくくなるため、気をつける。

　温度だけでなく、空気接触によってワインの香りや味わいはさらに大きく変化する。酸化による変化と還元による変化が起こることで、広がりのある香り、味わいになる。
　空気接触を「エアレーション」という。若いワインや澱の極めて少ないワインをカラフェなどに移すことにより、温度変化と香りを広げることを「カラファージュ」という。熟成したワインの澱を取り除き、ボトル内での還元状態から熟成香などを開かせることを目的として、デカンターなどの容器に移し替えることを「デカンタージュ」という。
　これらの作業によるワインの一般的な空気接触の効果は以下である。
●若いワインは還元状態から解放され、第一アロマが広がる
●熟成したワインは第二アロマやブーケが広がる
●樽香や複雑性が強まる
●タンニンの印象がまろやかになる
●味わいがふくよかになり、全体のバランスが整う
　上記の作業を経てグラスに注ぐと、若干温度が上がる。そのため実際に口に入る時の提供温度、各ワインの適温を考慮してサービスを行うべきであり、そのためにも多くの経験とテイスティング能力向上に努める必要がある。

ワイングラス

ワインの魅力を伝えるもうひとつの大切なアイテム、ワイングラス。
代表的な形状と特徴を紹介する。

グラスの基本

外観、アロマ、
味わいを楽しむためのグラス選択

　ワインを抜栓する時には、ボトル中のアロマや味わいに期待して、誰しもワクワク胸躍る。洋服でもお気に入りのものを着ると、振る舞いも違ってくるように、ワインも状態や魅力をより美しく伝えてくれるワイングラスと出会った時にさらにおいしさを増す。このようにワインに合った形状のグラスの選択は、大切なファクターである。

　その基本は次のとおり。

●無色透明である
ワインの色調、輝き、健全性を確認するためには、無色透明でカッティングや模様のないものが望ましい。

●脚が付いている
ステム（脚）を持って味わうことで、手からの体温が伝わらず、ワイン温度が保たれる。適温でのサービスが可能になる。

●薄手のガラスが望ましい
唇が触れるグラスの縁は薄いほど、ワインの温度や質感、テクスチャーが直接に伝わりやすい。

●バルーン型
芳香性が高く、ふくよかな味わいのワインに向いている。ボウル内の液面が広く、空気接触が進むため、ワインのアロマが豊かに、まろやかな味わいを感じられる。

●チューリップ型
スリムなワイン、スッキリとした白ワインやカジュアルな赤ワインなどを楽しむための万能型グラス。

💡 知識をプラス！

ここでは、ワイングラスがワインに対する影響や味わいのバランスに対して述べているが、ソムリエとしてお客様にワインをサービスする時のグラス選択についても知っておこう。プロの接客技術の感覚として、お客様によっては大きなグラスで楽しむことに価値観を見い出す方もいれば、ワインにあまり興味がない方、上品に食事と時間を楽しみたい方には大きすぎるグラスは喜ばれないこともある。お客様からまったくのお任せなのか、もしくはお客様と相談しながらクラス選択をするのか、臨機応変な対応も望まれる。

産地・タイプ別のグラスを知る

　世界のワイン産地では、その地域で産するワインのスタイルに合わせたグラスが生まれてきた。また近年においては、品種の個性、醸造方法、ワインの質に合わせた形状のグラスも生まれてきている。ここでは後者の代表的なものを紹介する。

ボルドー型

　ボディがあり、熟成による複雑性に富んだ味わいを持つボルドーワインや類似したスタイルのワインには、ボウルが大きく縦長で、口部がすぼまった形状のグラスが向く。立ち上がる複雑性あるアロマ、凝縮した果実味とまろやかなタンニンが楽しめる。

ブルゴーニュ型

　ブルゴーニュワインを代表するように、ピノ・ノワールのワインは、ボルドースタイルと比較して、華やかなアロマがグラス内に広がる特徴を持つため、バルーン型といわれる、横に膨らみのある形状が望ましい。

| カベルネ・ソーヴィニヨン | ソーヴィニヨン・ブラン | ピノ・ノワール | オークド・シャルドネ |

ボルドー型　　　　　　　　　　ブルゴーニュ型

シャンパーニュ・フルート型
シャンパーニュ・クープ型

　シャンパーニュをはじめ、発泡性ワインに用いる。フルート型は、液面が小さいため、空気接触が少なく、適温をキープしやすい。また、きらめき立ちのぼる気泡の状態を確認でき、炭酸ガスがゆっくりと抜けていくため、長くこの泡立ちと清涼感を楽しめる。クープ型は、結婚披露宴などでの乾杯時、フルート型と比較して短時間に飲みほせるため、パーティーに向いている。しかし昨今は、各パーティーでもフルート型が好まれる傾向にある。

甲州型

　日本の甲州辛口ワイン専用に開発された形状。甲州の個性である、和柑橘のようなアロマや、グリ系ブドウらしいほのかな心地よい苦味を伴った果実味を楽しむために考えられている。

フルート型　　　　クープ型

シャンパーニュ

甲州型

ワインの抜栓

お客様の前でのワインサービスは、
スピーディーでスマートなコルク抜栓から始まる。

一般的な抜栓法

ソムリエナイフを使用しての
正しい抜栓

　抜栓のしやすさや使い勝手のよさ
から、便利なワインオープナーが各
種開発、販売されているが、コツを
掴めばソムリエナイフは便利で優雅
にコルク抜栓ができる。サービスも
含めた、正しい抜栓法の手順は以下
のとおりである。

1. お客様が注文したワインのエチ
ケット（ラベル）を上にして、確認の
ため、お客様に提示する。この動作
の前にワインクーラーなどで冷やし
ていたワインは水滴を拭き取る。澱
のあるワインはパニエに入れる。こ
の時にボトル内の澱が舞い上がって
しまわないよう、ワインをパニエに
迎え入れるようにゆっくりと静かに
入れる。

2. ソムリエナイフについているミ
ニナイフを、瓶口のふくらみ部分下
のキャップシールに当て、瓶の形に
沿って切れ目を入れる。逆方向から
も切れ目を入れ、さらに切れ目から

瓶口上部に向かって縦に切れ目を入
れる。そこにミニナイフの先を指し
込み、引っかけるようにして上に引
くときれいに外すことができる。切
れ目を入れる時には、ボトルを回す
のではなく、手を回しながら行う。
キャップシールを外したら、瓶口を
ナプキンできれいに拭く。

3. ソムリエナイフのスクリューを
引き出し、人差し指をスクリューに
添えた状態で、その先端をコルク中
央部に当て、コルクに対して45度く
らいの角度で軽く刺し、垂直に立て
ながらスクリューを回転させてねじ
込む。スクリューの先端がコルクを
突き通さないように気を付け、スク
リューは最後まで全部刺し込まず、
ひと巻き分残しておく。

5. コルクをスクリューから抜き取ったら、ワインに触れていた部分の香りを嗅ぐ。異臭がなければ、お客様の前に用意した小皿に提示して置き、コルクの香りと状態について簡単なコメントを伝える。瓶口をナプキンで再度きれいに拭き取る。「ワインの状態を確認させていただいてよろしいでしょうか？」と、お客様にワインの状態を確認することを宣言し、許可を得る。テイスティングの量は控えめに注ぎ、一口ですべて飲める量にする。お客様に対して斜めに見えるように立ち、テイスティングして色調、香りを簡単にお伝えする。お客様のグラスへのサービスに移る。

＊カラファージュ、デカンタージュが必要な場合は、丁寧にゆっくりとワインが空気接触をするように行い、香り、味わいを開かせる。

4. 瓶口にテコ部分を引っかけ、もう片方の手で瓶を押さえつつ、テコ部分が外れないように人差し指を添えて軽く押さえる。テコの力点を移動する要領で、ソムリエナイフのハンドル（柄）を手前から上に向けて引き上げる。この時、無理に自分の反対側に向かって引っ張ると、コルクが折れる可能性があるので注意する。コルクをまず5mm～1cmほど引き出す。残したひと巻き分を回し込んで抜栓するが、最後はコルクを5mmくらいボトル内に残し、そこからは手でコルクを包み込み、静かにゆっくりと回しながら音を立てないように抜く。

💡 知識をプラス！

お客様から注文いただいた大切なワインを抜栓、グラスへのサービスに移るまでの一連の動作は、お客様にとっては最も高い関心事でもあるが、丁寧、かつ、スマートにスムーズに行わなければならない。この場合でも、グラスに注がれた時点でワインが適温になることを考慮して行うよう注意すること。自宅や友人同士でワインを楽しむこととは別で、のんびりとした動作では、温度が高くなってしまったり、お客様を待たせたり、周りのお客様へのサービスが疎かになってしまう。そのためにも日頃から、ワイン抜栓のテクニックも磨いておくことが要求される。

ワインオープナー、コルクスクリューのいろいろ

ワインのコルクを抜栓する道具の総称をワインオープナーという。先端がスクリュー式になっているものをコルクスクリューといい、フランス語ではティル ブション（tire-bouchon）という。

コルクを抜栓するには、何といっても開けやすいことが大切な条件である。ただ抜栓するだけならば、T字型でよいが、多くは抜栓にとても力が必要になる。ワインの保存状態やコルク自体の劣化により、コルクがボロボロになったりもするので、うまく開けるには、やはりそれなりのコツと道具が必要になる。テコの原理を応用したソムリエナイフはコ

ツを掴むと実に使いやすい。メーカーやデザインはさまざまで、刃物問屋、ワイングッズが豊富なデパート、インターネットでも好みのものを選んで簡単に購入できる。ソムリエは抜栓する本数も多く、接客スピードも要求されるため、スクリュー先端を折ってしまうことがたびたびあるので、クオリティーが高く、丈夫なものを使う。海外のアンティークオープナーを見ると、デザインに凝ったものが多いのは、昔から抜栓の役割は単にコルクを抜くだけの動具でなく、文化的な側面があったのではないだろうか。

代表的なタイプを紹介する。

スクリュープル

ほかのワインオープナーより大きく、置く場所が必要になるが、強い力を使わず簡単にコルクを抜くことができる。ワインボトルの口にセットして、その部分を手で握り、反対の手で中央上部の取っ手を回すだけでコルクが上がって抜ける。ただし、若いワイン向きであり、熟成したワインや少し劣化したコルクは割れてしまい、ボトル内に破片が落ちる可能性が高い。

ウイングレバー

バタフライ式、テコ式、シャルルドゴール式＊とも呼ばれ、ワインボトルの口にセットして、スクリュープルと同じ要領で取っ手を回すと、サイドのウイングレバーが連動して、鳥や蝶が羽根を広げるように上がってくる。上がりきったところでレバーを両手で握り下ろすと、テコの原理で簡単にコルクが抜ける。ただし、スクリュープルと同じように熟成したワインはコルクが割れる可能性がある。

＊2つの取っ手は両手を挙げた人型にも見える。かつてフランスのド・ゴール将軍が演説で、オーバーに両手を挙げ下げしていたポーズに似ていたことから、このようにも呼ばれる。

ソムリエナイフ

スッキリとした細いボディ内に収納された
ミニナイフ、スクリュー、テコ部分、ハンド
ル（柄）からなるフォルムは、ポケットなどに
入りやすく持ち運びも簡単である。テクニッ
クが必要とされるが、慣れると抜栓がス

ムーズに行え、慎
重に扱えば熟成
したワインのコル
ク抜栓にも最適
である。

T字型（スクリュー式）

シンプルな形状で、カジュアルなワインの
抜栓に向いているが、コルクを引き抜くの
に力を必要とする。ただし、アンティーク

なデザインのものは
バリエーション豊か
だが、高価であり、
コレクターアイテムの
ひとつでもある。合成樹
脂コルクでは、スクリュー
が折れてしまう可能性が
高いので、使用しないで
ほしい。

シャンパーニュオープナー

シャンパーニュのコルクを安全にスマート
に抜栓するための専用オープナー。熟成
したシャンパーニュ（スパークリングワイン）
で乾燥して硬くなったコルクに出会った時
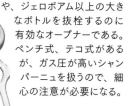
や、ジェロボアム以上の大き
なボトルを抜栓するのに
有効なオープナーである。
ペンチ式、テコ式がある
が、ガス圧が高いシャン
パーニュを扱うので、細
心の注意が必要になる。

ハサミ型

難易度が高く、テクニックが必要となるが、
熟成したワインやポートワイン、マデイラワ
インのような酒精強化甘口ワインのコルク
が瓶内に貼りついてしまった時などに
有効である。2枚の長い刃が取っ手につ
いていて、片方の刃をコルクに沿って瓶
口に少し差し込み、もう片方を反対側に
同じように差し込み、ゆっくりと左右に振
りながら押し込み、回しながら上に引き抜
く。ただし、熟成したワインのコルクが柔
らかいと、ボトル内に

落ちてしまう可能性
があるので、ソムリ
エナイフと同時に
使うこともある。
そのためにも手
に入れて練習し
ておくとよい。

電動式

とにかく簡単なワインオープナー。瓶口に
セットするだけで、自動でコルクを抜き取
ることができる。安全性が高く、バリエー
ションも豊かで価格もさほど高くはない。

💡 知識をプラス！

現在は、スクリューキャップ（スティルヴァン）
やヴィノ・ロック（ガラス栓）を使用したワイ
ンも増えているため、ワインオープナーを
必要としないワインも増えている。

ワインのテイスティング

ワインをテイスティングする目的とは何か？
その標準、方法、評価を解説する。

テイスティングの目的と環境

テイスティングの目的は、ワインを分析してその個性や特性を知り、感覚を言葉で表現することで、ワインを記憶し身につけることだ。そのために視覚、嗅覚、味覚の経験値と自分の能力を磨き高めておくことが重要である。

ブランド指向、ガイドブックの点数評価やヴィンテージチャートなどの情報を気にするのではなく、先入観を持たず主観で行いポジティブな気持ちをもって臨むべきである。

その結果で以下を判断する。
● 健全なワインであるか。
● 価格と品質のバランスは取れているか、そのワインの適正価格はいくらと考えるか。
● ワインの状態は若いか、熟成過程にあるか、また最適な保存期間、いつ飲み頃か。
● 飲む温度は、抜栓のタイミングは、カラファージュ、デカンタージュの必要性とタイミングは、適したグラスは、合わせる料理は、どのようなシチュエーションで飲んだらよいか。

以上がテイスティングの目的になり、個人的好みを表現するのではなく、分析によってワインの過去、現在、未来を知ることである。また、テイスティングデータの蓄積が多いほど分析は正確になる。

テイスティングの標準

より正確を期すためには、環境、グラス、ワインの品温、体調、時期、そのほかなど、一定の基準を設けておくことが望ましい。

環境／室温18〜22℃。静寂、無臭、換気、自然光、または蛍光灯照明、白いテーブルクロスか白いマットや白い紙。

グラス／無色透明、無臭、清潔なもので、技術的な視点を意識したワインのテイスティングでは国際基準化機構（I.S.O.）No.3591により定めら

れた規格グラスを使用することが望ましい。

ワインの品温／白ワイン、ロゼワインは15℃、発泡性ワインは8℃、赤ワインは16〜17℃が望ましい。注ぐ量はグラスの1/3（50㎖）。

体調／疲労、風邪などがなく、精神的、肉体的に良好を保つ。二日酔い、飲酒後、喫煙直後は避ける。香辛料の強い料理、コーヒー、チョコレート、酸をたくさん含んだ果物などの飲食後、歯磨きの直後は避ける。

時期／購入する計画を立てる時。保管しているワインの飲み頃を見極め、いつ販売や楽しむか決める時。お客様からの苦情などの問題が生じた時。時間としては午前10〜11時が望ましい。

方法と評価

ワインのテイスティングをマスターするには多くの経験が必要である。外観、香り、味わいを精査して、総合評価する。視覚、嗅覚、味覚を使って、下記の方法、順序で行うことが重要である。

テイスティングは通常、外観、香り、味わい、余韻・後味の順で評価し、総合評価で結論を下す。

グラスには50㎖を注ぎ、グラスの細い脚部分を持ち、白いクロスや紙などを背景にして行う。

【外観】

清澄度、輝き、色調、濃淡、粘性、泡立ちなどを観察する。

◉清澄度は、ワインの健全度を確認する。混濁の有無、なぜ混濁しているのか。ダメージ、ノンフィルター、ノンコラージュ、豊富なタンニンの含有のため、などを観察する。

輝きは、光の反射による照り、艶を見る。輝きの強いワインは色素が安定して、酸が豊かなワインは強い輝き、照りを放つ。

◉色調は、そのワインの特徴を見つける手がかりとなる。通常、酸化によって色調は変化していく。熟成度合いやヴィンテージを判断する目安となる。斜めに傾けたグラスとワインとの液面接点を見て判断するとよい。

一般的には、冷涼な産地の白ワインは緑色を帯びた淡い色調。温暖な産地では深い色調となる。赤ワインも同じことが言える。

熟成により、赤ワインは、紫色を帯びた赤が、オレンジの色調から褐

色へと変化していく。

　白ワインは、緑色を帯びた淡い黄色から黄金色、そして琥珀色へと変化していく。

　ロゼワインは、オレンジの色調が強く変化していく。

◉濃淡は、最も重要なポイントである。成熟度合い、濃縮度を推測でき、一般的に、冷涼な産地のワインは淡い色調に、温暖な産地のワインは濃い色調となる。

◉粘性は、ワインのアルコール度やグリセリンの量を判断するポイントとなる。グラスの壁面を流れる雫「レッグス」「ティアーズ」の状態を見て、アルコール度の高いワインほど粘性は強くなり、同時にアルコール発酵によって生成されたグリセリンの量も多くなることが一般的である。また、アイスワインや貴腐ワインなど極甘口ワインの糖分の高いワインや、凝縮度の高いワインも粘性は強い。

◉泡立ちは、スティルワインでも発酵によって生じた炭酸ガスが若干残ったり、意図的に炭酸ガスを残した造り方のワインもある。スパークリングワインは、泡の状態を表現する必要がある。

泡の粒／グラスの底から立ちのぼる泡のスピードや粒の大きさから製法の違いを判断する。一般的に、瓶内二次発酵による泡は粒が細かい。

泡の状態／グラスの上から覗いた時、グラスの縁に沿ってできる泡立ちの輪（Crown［英］、Cordon［仏］またはル・コリエ・ド・ペルル［真珠の首飾り］）を見て、泡の繊細さ、細やかさ、持続性などから瓶内熟成の長さを推測する。

◉上記によってワインの成熟度、産地、醸造方法などを推測し、外観の評価をする。

【香り】

　香りは、ワインの品質、キャラクター、醸造法、熟成度合、将来性、産地など、たくさんの情報を得ることのできる大きなポイントとなる。香りに起因、由来するポイントは、3つに分類される。

◉**第一アロマ**／原料ブドウに由来する香り。果実香、花、スパイス、ミネラルなど。

◉**第二アロマ**／発酵、酵母などの影響によって生まれる香り。低温発酵の場合、キャンディ、吟醸香など。M.C.法の場合、バナナなど。マロラクティック発酵の場合、杏仁豆腐、ヨーグルトなど。

◉**ブーケ（第三アロマ）**／木樽や瓶内での熟成に由来する香り。リンゴ蜜、ヴァニラ、スモーク香、スパイスなど木樽の香りと酸化熟成が加わった

時に現れる複雑な香り。また、瓶内熟成によってさらにいろいろなアロマが結びついて複雑さが増し、素晴らしいブーケへと広がる。

　ワインを香るには、グラスを揺らさずに鼻に近づけ、第一アロマを探す。次にグラスを優しく回し、空気接触を促してからもう一度香りを探す。この時、第二アロマ、ブーケが現れてくる。この動作の中で香りの由来を判断する。

【味わい】

　味わいの判断要素には、アタック、甘味、酸味、渋味、苦味、フレーバー、アルコール、ボディ、バランス、余韻を味覚だけでなく、嗅覚、感覚を働かせて判断、評価していく。

●**アタック**／口中のワインの第一印象と強弱。

●**甘味**／ワインの甘辛度、残糖分、ブドウ由来の果実味、アルコールやグリセリンの量によって甘味を感じる。

●**酸味**／ワインのキャラクターを表す重要な要素である。ブドウ品種、生産地の気候や標高、若さ、熟成度などを判断できる。全体のバランス、骨格、余韻に影響を与える、その量や質について表現する。

●**渋味**／ワイン内のタンニンは、渋味、収斂性(しゅうれん)に影響しているが、長期熟成タイプの赤ワインの重要な要素でもある。赤ワインの色の濃淡と渋味の強弱は比例すると考えるのが一般的である。甲州のようなグリ系ブドウの白ワインやオレンジワインは、果皮の色素に起因する渋味を感じる。

●**苦味**／白・ロゼ・赤ワインにおいて、暑い太陽の下で育ったブドウに由来する。

●**フレーバー**／口中に広がり、鼻孔に抜けていく香り。ブドウ品種、発酵、熟成に由来する。

●**アルコール**／酸味同様に重要なファクター。味わいに甘苦味、ボリューム、余韻、骨格を与える。

●**ボディ**／甘味、酸味、渋味、アルコールなどの全体的なバランスを擬人化して体型で表現することが多い。

●**バランス**／ここまでの各味覚要因の調和。

●**余韻**／ワインをテイスティングした後に残る風味。風味の持続性や強弱によって、ワインの質、成熟度、凝縮度などが判断できる。

　以上を、客観的に順序立ててテイスティングしていくことで、ワインのキャラクターの総合評価をする。

もしあなたがソムリエで、お客様の前で抜栓したワインをお客様の承諾を得てテイスティングする際には、お客様の正面を向いてするのではなく、あなたが右利きなら右45度くらい、左利きなら左45度くらいの方向を向いてテイスティングをする。すると、お客様からあなたのグラスと口の位置がよく見え、スマートなテイスティングに見える。

💡 知識をプラス！

酸を知ろう

ブドウの果汁中にある有機酸は、リンゴ酸、酒石酸、クエン酸の3つが主要で、特にリンゴ酸、酒石酸の分量は多く、この2つがワインの味わいのバランスにとって重要である。アルコール発酵によって生成される酸には、コハク酸、乳酸、酢酸がある。これらの酸のキャラクターを知ることも重要である。

一般的に日本の甲州は、リンゴ酸が少なく、酒石酸が多い。しかし、山梨の中央葡萄酒・明野ワイナリーでは、垣根栽培による甲州からリンゴ酸を多く含む甲州が生まれ、乳酸発酵が起こり、複雑性が増した辛口白ワインが造られた。

リンゴ酸／ブドウの成長過程でできる酸で、糖の上昇とともに大きく減少する。冷涼な産地では、ブドウの成熟期の気温が低く、ゆっくりと成熟していくと、より多くのリンゴ酸が果汁中に残る。

酒石酸／ほかの果実にはない酸で、ブドウ中には多く含まれる。この酸はカルシウムやカリウムといったワイン中のミネラル質と結びつき結晶化する。ほのかな塩苦味を感じる。

クエン酸／柑橘類、スダチやレモン、梅干しなどで酸っぱいと感じる酸だが、ワイン中にはごく少量含まれるだけである。

コハク酸／シジミ、ハマグリ、牡蠣などの貝類に多く含まれる旨味、ほのかな苦味を感じる酸味。ワインには極微量含まれる。

乳酸／マロラクティック発酵（MLF／乳酸発酵）によって多量に生成される酸。アルコール発酵時にもわずかに生成される。乳酸発酵はワイン中の二塩基酸であるリンゴ酸を分解し、一塩基酸である乳酸と炭酸ガスにする発酵である。ワインの酸味をやわらげまろやかにする、酒質的に複雑性が増し芳醇な香味を形成する、微生物学的にも安定する、などの個性が生まれる。

酢酸／酢のように、舌をピリピリと刺すような酸。揮発性のため、芳香も単体で感じることができる。ワイン中、$1g/\ell$を超えると健全なワインとはいえず、劣化とみなされる。

どの酸が多く含まれるかによって、ワインのタイプは変わり、リンゴ酸、酒石酸、クエン酸はワインに清涼感や余韻の長さを生み、また酒石酸、コハク酸、乳酸はワインの味わいに厚みや深み、長い余韻をもたらす。

ワインと料理の相性

ワインにとって料理は欠かせない存在だ。
相性を考えると、ワインと料理はもっとおいしくなる。

　日本は、ワインを楽しむうえで他国にないとてもいろいろなシチュエーションに出会える国である。日本の四季、旬の食材を巧みに生かしたフランス料理、イタリア料理、タイやインド、ベトナムなど東南アジア料理が本国以上に洗練されていたりもする。日本料理も刺身、寿司、天婦羅、焼き魚、鍋、ウナギの蒲焼、会席料理、郷土料理など、その季節や風情を重んじ、一体となった食事シーンの数々に富んでいる。

　そこに最後のアクセントとして料理と相性のよいワインを合わせることで、さらに楽しさ、素晴らしさを感じることができる。

組み合わせの基本

　日本料理は、基本的に旨味と塩味で構成されている料理である。

　足りないのは酸味と甘味といえ、甘味には根本的には日本酒を合わせるとよく、酸味は日本料理ではスダチなど後で加えるものが多いので、酸味を加えて日本酒を飲むと全部の味が揃う。

　甘味、旨味、塩味、酸味、苦味、この5つの味が全部揃うという発想も大事で、これが揃うと完成度が高くなる。そこで、酸味の部分を白ワインの酸味に替えることで可能になる。

　ワインは醸造酒の中で酸を多量に含んでいる唯一のものであるから、食中に非常に向いている。日本はカボス、スダチ、ユズなどの柑橘類が豊富なのでそれらを搾る、というように料理に柑橘類を添えて酸味を加え、料理に合わせてワインを飲むことで、より旨味、楽しみが増える。

ワインと味わい・香りのマリアージュ＊は以下のとおり。

●白ワイン

　白ワインが持つレモンやグレープフルーツなどの柑橘系の酸味やハーブのような香りは、刺身やカルパッチョなど冷製の魚料理に。また、熟れたリンゴや洋ナシ、樽によるスモーキーさやまろやかさを持つ白ワインには、焼くことで香ばしさを増した温製の魚料理や、「白身の肉」と呼ばれる鶏肉や豚肉などの肉料理が合う。合わせるソースにもよるが、白ワインの風味と料理の風味を合わせてイメージしていく。

●赤ワイン

　種子などからのスパイシーな風味、また、黒コショウ、クローヴ、オールスパイス系の濃厚な甘苦スパイスを連想する特徴が多いので、スパイスを使う魚・肉の風味にマッチする。樽香などは、食材を焼いたことによる香ばしさに合わせる。脂肪分・旨味を感じる食材には赤ワインのタンニンを合わせると口中がさっぱりし、旨味が増す。

●ロゼワイン

　ロゼワインの香りは黒ブドウからくる香りがあり、赤ワインの果実香をより淡くしたような香りがする。

　また、後味に爽やかな渋味を感じる。爽やかな渋味は軽やかな脂肪分と合わせやすいので、ほのかでまろやかな脂肪分を持っているタイプの料理に合わせやすい。

　ピンクペッパーや鷹の爪などの香りとも相性がよい。これは、近年のオレンジワインにもいえる。

●スパークリングワイン

　基本的に白ワインと類似。熟成による酵母からのアミノ酸系旨味と相性のよいもの、またはタルト系デザート、焼いた果物などが合う。

＊ワインと料理の相性を、フランス語の結婚に例えて「マリアージュ」という。近年は「ペアリング」ということも増えている。

◎マリアージュの原則

ワインと料理の組み合わせ・相性は、基本的に以下の点に留意して判断することが望まれる。

料理	ワイン
軽い料理 -------------------------	------------------- 軽快なワイン
重い料理 -------------------------	------------------ 重厚なワイン
シンプルな調理方法の料理 -------------------	------------ シンプルなワイン
複雑な調理方法の料理-------------------	------ 複雑ワイン
ワインを使った料理 -------------	----- 同じワインか、同系で格上のワイン
地方料理・郷土料理 ----------------	------ 同じ地方で造られたワイン
高級食材・格の高い料理 -------------	------ 同様に格の高い高級ワイン
デザート類 ---------------	----- 甘口ワインやスパークリングワイン

◎複数のワインを飲む場合の順序

- 香りのシンプルなワイン ──→ 複雑なワイン
- 辛口 ──→ 甘口
- 軽快なワイン ──→ 重厚なワイン
- 若いワイン ──→ 熟成したワイン
- 並質ワイン ──→ 上質ワイン

💡 知識をプラス!

フランスの作家であり「美食のプリンス」と呼ばれたキュルノンスキー。20世紀初頭に活躍した美食家で、『ミシュランガイド』の顧問を務めた。彼は、料理を格によって3つに分類し、ワインについても言及している。

◉簡単に作られた家庭料理

…シンプルな素材の組み合わせで調理方法も簡単な家庭料理に、高級なワインを合わせる必要はない。

◉各地方の特産物を使った個性豊かな伝統料理

…その土地で伝統的に楽しまれている土地のワインを合わせることで、理屈抜きに楽しめる。

◉一流ホテル、レストランでサービスされる料理

…創造性があり芸術性の高い料理に対しては、ワインも同様に細やかな注意を払って考えなければならない。

日本料理とワイン（日本の伝統的食文化とワインを楽しむ）

日本料理とワインの組み合わせを探すことは、
日本にいるからこそ感じられる楽しみである。

2013年、伝統的な日本料理「和食」がユネスコ無形文化遺産になったこともあり、世界的に日本料理が注目を浴び、それに合わせるように世界で日本ワインも一緒に楽しまれている。国内ではさまざまなタイプの日本ワインと市場で出会うことが多くなり、さまざまなシーンで日本料理と日本ワインのマリアージュ（相性）が楽しまれている。

四季のある日本では、その季節の花々を愛で、旬の食材を楽しむことを大切にしている。山海の幸、季節の野菜や巧みな技術で仕上げた多種多様な日本料理には、バリエーション豊かな日本ワイン、特に甲州の滋味深い味わいは醸造タイプを考え合わせることで実に日本料理の素材と相性がよく、今後ますますその楽しみが広がっていくと考えられる。

たとえば、ワインに白身の魚や貝類の刺身を合わせる場合には、醤油は強すぎるのではないだろうか。そこで磯の香りが楽しめるこのような刺身には、少しの塩、日本のスパイスハーブであるワサビ、レモンかスダチ、カボスのような柑橘を搾って食し、爽やかな辛口甲州白ワインを合わせる。すると、口中でこの素材の持ち味、風味や甘味が増幅される。

具体的な料理とワインの基本的な組み合わせ方を以下に紹介する。

【刺身・生牡蛎など】

●白身や牡蛎*、貝類、青魚の刺身／辛口の白ワイン。特に甲州。また、甲州やシャルドネのスパークリングワインもよい。

●ブリやマグロなどの味の濃い刺身／シャルドネ。表面を軽く炙って香ばしさを加えて醤油で味わえば、樽熟成したピノ・ノワールやシラーもよい。

●ポン酢をかけてタマネギや薬味とともに味わうマグロのタタキ／ほのかなタンニンを感じる甲州の醸し（オレンジワイン）やマスカット・ベーリーAのロゼワイン。

＊フランス・ボルドーでは、生牡蛎をクラレット（濃いめのロゼ）や軽い赤ワインで楽しむ。

【寿司】

スパークリングワイン、辛口の甲州白ワイン、甲州オレンジワイン、やや甘味のある白ワイン、軽い赤ワイン。ネタに応じてワインを変える。淡白な味のネタ、味の濃いネタ、甘味の

ある煮切りなどをつけたネタへと食べ進むにつれて、上記のようなワインを合わせるのが理想的である。

　煮切りなど、ほのかな甘味を味わい楽しむ寿司には、軽めのマスカット・ベーリー A の赤ワインがよい。

【天婦羅】

　爽やかな酸味のある辛口白ワイン。樽発酵や樽熟成、乳酸発酵をさせた辛口白ワインなど。

　塩やレモンを添えて食する白身魚や旬の野菜には清涼感ある甲州、キノコ類、甘味を感じる甲殻類などには樽熟成のシャルドネ。

【焼き魚・魚の照り焼き・煮魚】

　辛口白ワイン、軽め、または樽熟成のマスカット・ベーリー A やロゼワイン。

●白身や青魚の焼き魚／レモンを搾って、爽やかな軽めの辛口甲州。

●アユの塩焼き／樽熟成のシャルドネ。

●調味料の味わいをしっかり感じる幽庵焼きや味噌焼きの魚／樽熟成で酸味のまろやかなマスカット・ベーリー A。

●煮魚／ほのかな甘みを感じるロゼワイン。

【焼き鳥】

●塩焼き／辛口の爽やかな白ワインやロゼワイン。

●たれ焼き／樽熟成による、酸のまろやかでほのかなスモーキーさを感じるメルロやカベルネ・ソーヴィニヨン、シラーなどの赤ワイン。

【鍋物】

●だし、塩味ベースの鍋／爽やかでミネラル感のある辛口白ワイン。

●味の深い醤油ベースや味噌だしなどの鍋／厚みのあるシャルドネなどの辛口白ワイン。

●スパイスやキムチなどの辛味のある鍋／ナチュラルな甘味や柔らかい酸味とほのかな渋味を感じるロゼワイン、軽く発泡したロゼワイン。

●すき焼き／樽熟成した深い味わいのシラーやメルロ。（割り下の日本酒をワインに替えるとなおよい）

【会席料理】

　先付け、八寸、刺身などが提供される前半は辛口スパークリングワインや甲州白ワインなど。焼き物、煮物、揚げ物が提供される後半は、食材に応じてコクのある白ワインや軽めの赤ワインから重い赤ワインへと変えていくとよい。

💡知識をプラス！

食事は料理やワインがおいしいということも大切だが、そこに集まった人たちが楽しい時間を過ごすことの方が重要である。「このワインと料理はよく合うね」といって楽しむことも「あまり合わなかったね」と言っても、やはり楽しむことである。そこにワインがあるからこそ、「合う、合わない」という話題が持ち上がり、会話が弾む。さらに食のシーンに日本ワインの登場が増えることで、より楽しい食事と会話が生まれるだろう。

世界のチーズ

ワインとチーズのマリアージュは食の味わいにおける
究極の楽しみのひとつ。世界の主要チーズを紹介する。

代表的なチーズと特徴

　ワインはブドウを保存がきく飲みものに加工
するために生まれたが、チーズの起源もそれに
近い。栄養に富む動物の乳を保存食にする工夫
から、チーズは生まれ、発展してきた。ともに
発酵と熟成という過程を経て造られるワインと
チーズは、最高の相性を持つ組み合わせといえ
る。マリアージュの基本は、同産地のワインと
チーズを合わせることだが、チーズのタイプや
熟成段階からワインをセレクトする場合もある。
　現在、世界には1000種以上のナチュラル
チーズがあるとされる。代表的なタイプは、フ
ランス式の7つの分類によって整理できる。

●チーズの分類

　チーズを基本的製法で分けると、ナチュラル
チーズとプロセスチーズに大別できる。ナチュ
ラルチーズは、原料の乳（牛乳、羊乳、山羊乳、水
牛乳の4種）を乳酸菌で発酵させ、酸や酵素を加
えて凝固させたあと、乳清を除去して成形し、造
られる。一方、プロセスチーズは、ナチュラル
チーズを原料として加熱溶解し、再加工したも
のである。ナチュラルチーズは、ワインのよう
に熟成を続けるが、プロセスチーズは再加工の
時点で熟成を止める。プロセスチーズは、ほと
んどのワインとの相性がよい。

◎ナチュラルチーズの7タイプ分類

タイプ	特徴
フレッシュタイプ	「非熟成タイプ」とも呼ばれ、熟成過程をほとんど経ないタイプ。水分含有量が比較的多く、淡白な味わいのものが多い。フランスのブルサン、フロマージュ・ブラン、イタリアのモッツァレラ、マスカルポーネなど。 辛口の白ワイン、ロゼワインなどが合う。
白カビタイプ	表面に白カビを植えつけて熟成させたタイプ。味わいはソフトでマイルドなものが多い。フランスのカマンベール、ブリーが代表的。 軽めのものから中ぐらいのコクの赤ワイン、マイルドな白ワインなどが合う。
ウォッシュタイプ	表面を塩水やその土地特有の酒で洗い（＝ウォッシュ）ながら熟成させたタイプ。外部（外皮）は粘り気のあるオレンジ色で強い香りと味が特徴だが、内部は比較的穏やかな味。フランスのリヴァロ、ポン・レヴェック、マロワール、イタリアのタレッジョなど。 強く重い赤ワインなどが合う。
青カビタイプ	原料の乳に青カビを混ぜてから凝固させ、針でいくつか空気穴を作ってから熟成させると内部に青カビの筋ができる。強い味わい。フランスのロックフォール、イタリアのゴルゴンゾーラ、イギリスのスチルトンなど。 力強い赤ワイン、貴腐ワインなど甘口の白ワインが合う。
シェーヴルタイプ	山羊乳を原料とするチーズで、酸味が比較的強い。フランスのサント・モール、クロタン・ドゥ・シャヴィニョール、ヴァランセなど。 爽やかな辛口の白ワイン、ロゼワインなどが合う。
セミハードタイプ	加工技術により水分含有量を少なくし、約1〜4ヵ月ほど熟成させたタイプ。味わいは一般的にマイルドなものが多い。フランスのカンタル、ミモレット、イギリスのチェダー、オランダのゴーダ、スイスのグリュイエールなど。 マイルドな白ワインか赤ワインなどが合う。
ハードタイプ	セミハードタイプより熟成期間が長く、水分含有量をさらに落とし、30％台にしたタイプ。外皮も内部も硬く、熟成につれてコクの深みを増す。フランスのコンテ、イタリアのパルミジャーノ・レッジャーノ、スイスのエメンタール、オランダのエダムなど。 コクのある白ワインや赤ワインなどが合う。

日本のチーズ

国産チーズも、ワイン同様にめざましい進化を見せている。
若い造り手も増えており、今後の成長が期待される。

　今、日本のチーズがずいぶん話題に上るようになった。

　国内の造り手は2020年現在、大手乳業メーカーを除いて320軒ほど（農林水産省調べ）と聞く。タイプ違いを多様に造っているところもあれば、少品種に絞っているところもあり、造られているチーズで最も多いのがモッツァレラやクリームチーズなどのフレッシュタイプで約250ヵ所、次にセミハード、ハード、そして白カビタイプと続く。ウォッシュや青カビを手がけるところも20ヵ所以上あり、山羊乳のシェーヴルを造る工房も10を超えている。これだけあれば、国産チーズだけでも多様にプラトーを作ることができるということだ。

　1980年代、日本でナチュラルチーズを造る工房は大手メーカーの研究所を除くと指折り数えるほどしかなかったが、当時、日本での一番の理解者は渡仏経験を持つシェフたちだった。欧州に負けないチーズ造りをめざす造り手たちも「本物のチーズを手本にしたい。送ってくれ」と熱かった。そうした造り手が1990年代には70、80と数を伸ばし、2010年に約150、そして2013年に200、2017年には300を超えたのだ。

　何回ものワインブーム、イタリアンブームなどを経るうちにチーズ造りをめざす人が続々と現れたのは、日本にある原料で、日本人にもある発酵に対する感性が生かせ、さらには土地ごとの多様性も表現できる面白さに気づいたからだろう。

　先人たちが耕し、温めておいてくれた日本のチーズ環境の中で今、30〜50代の若手が「面白くて仕方ない」とチーズ造りに眼を輝かせて励んでいる。地元の支えと期待を背負って世界コンクールで上位入賞し、チーズ伝統国を驚かす工房も出てきている。一方で、食べ手も地元のものを愛し、応援し、おいしく楽しむ日本になってきた。

　もうひとつ、国内の造り手たちの特徴は、横のつながり方の柔軟さと多彩さだ。SNSでの情報交換はいたってフレンドリー、異業種間でも志が共有できれば手を組んで社会や次世代に対してできることを具現化していくパワーもある。日本チーズの担い手を見ていると、未来が楽しみに思える。

日本ワインとワインコンクール

メルシャン㈱シャトー・メルシャン
ゼネラル・マネージャー
安蔵光弘

ワインコンクールは、国内のワインを対象とするもの（National Wine Competition）と、世界中のワインを対象とするもの（International Wine Competition）に分けられる。前者には、「日本ワインコンクール（甲府、Japan Wine Competition）」「パリ農産物コンクール（パリ、Concours General Agricole Paris）」などがあり、後者には、「インターナショナル・ワイン・チャレンジ（ロンドン、International Wine Challenge：IWC）」「ジャパン・ワイン・チャレンジ（東京、Japan Wine Challenge）」「サクラアワード（東京、"SAKURA" Japan Women's Wine Awards）」など、数多くのコンクールがある。

IWCの審査会場、The Oval（ロンドン）

日本ワインのみを対象とした「日本ワインコンクール」は、2003年に第1回が開催（2014年までは「国産ワインコンクール」、2020年、2021年はコロナ禍のため中止）され、初回は418点が出品された。最近は、欧州系品種赤・白、甲州など12のカテゴリーごとに審査さ

れ、日本中のワイナリーから800点前後のワインが出品される。日本でワインを造る者として、このコンクールは「同じ土俵で、ブラインドで審査されることで、客観的な評価を得られる」ことに意味があったと思う。かつては、酒販店やインターネットで日本ワインを選ぶ際の情報は少なく、日本で多くのワインが造られていること自体、必ずしも日本中に伝わっていなかった。現在では、ワイナリー側はこのコンクールを品質のひとつのメルクマールとし、購入する側にとっては品質に関する有用な情報になっている。例年、メダルを獲得したワインの公開テイスティングが、8月末に甲府を会場に行われる（有料）。テイスティング会場の熱気は、日本ワインが注目を受けてきていることの証だ。このコンクールが、現在の日本ワインの活況に果たした役割は大きい。

O.I.V.（国際ブドウ・ワイン機構）とU.I.Œ（国際エノログ連盟）は、ワインコンクールの審査法について細かく規定している。2009年に制定されたプロトコールを見ると、「審査員は、テイスティング中と評価をつけている時に、自分が感じたことをジェスチャーや表情に出すことで、ほかの審査員に影響を与えてはいけない」、「審査をする部屋の温度は20〜24℃、たばこを吸うこと、香水をつけることは禁止」、「可能であれば、審査は午前中に行うことが望ま

しい」、「審査員が1日で審査してよいのは、ワインは45サンプルまで、ブランデーなどの蒸溜酒は30サンプルまで」、「メダルは、出品数の30％を超えてはいけない」、「審査は100点法で行うこと」など、運営に関する多くの項目が規定されている。

国際ワインコンクールと日本ワインに関してのエピソードをひとつ紹介する。1989年に開催された「第35回リュブリアーナ国際ワインコンクール」で、「シャトー・メルシャン信州桔梗ヶ原メルロ1985」が大金賞を獲得した。これは、日本のワインが、国際ワインコンクールで初めて大金賞を獲得したもので、日本の産地と欧州品種が表示されたワインとしての受賞は、日本ワインのエポックといえる。メルシャンは塩尻市桔梗ヶ原地区で、戦前から大規模にコンコードの契約栽培をしていたが、1976年以降徐々にメルロに切り替えた。それから13年目の快挙だった。

メルロへの切り替えを主導したのは、当時メルシャン勝沼ワイナリー製造課長と塩尻分場長を兼務していた浅井昭吾氏だが、桔梗ヶ原にメルロが向いていると助言したのは五一ワイン（林農園）の林 幹雄氏。林氏が1951年代にメルロの穂木を入手したのは、山形県赤湯地区のブドウ園。赤湯にメルロをもたらしたのは、新潟県岩の原葡萄園の川上善兵衛。おそらく、明治政府が内務省管轄の三田育種場（現在の東京都港区芝にあった）に、フランスから導入したメルロの樹が、岩の原に伝わったのだろう。こう考えると、平成の最初の年に、国際ワインコンクールで日本ワインが大金賞を受賞したことは、明治以来、フィロキセラ禍のため細々とではあったが、日本人がワインへの情熱を連綿と受け継いできた結果だといえる。

赤湯から桔梗ヶ原に来たメルロ。樹齢60年（林農園）。

コンクールへの出品は、ワイナリーにとっては客観的な評価を得ることで品質向上のモチベーションとなり、品質の高さをPRすることにつながる。飲み手にとっては、日本ワインを選ぶ際の貴重な情報となる。多くのワイナリーが、国内外のコンクールに日本ワインを出品し評価を得ることで、日本ワインのサステイナブルな未来が拓かれるのではないか。

巻末付録

データ集

統計 出典／国税庁「酒類製造業及び酒類卸売業の概況」（2022年度調査分）

国内のワイナリーの数やブドウの生産量のデータから
日本ワインの状況を知る。

◎果実酒製造場数の推移

（単位：場）

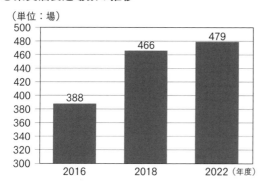

＊各年度末（3月31日）現在における、試験製造免許場を除いた果
実酒製造場数。

左の表は果実酒の酒造免許を
取得している事業者数。近年、
急増しているのがよくわかる。
なお、ここには休業している事
業者やワイン以外の果実酒だ
けを醸造している事業者なども
含まれる。下の表は実際にワ
インを製造している事業者の
都道府県別数。ほぼ全国にワ
イナリーが存在する。伝統的に
山梨県が圧倒的に多いが、長
野県と北海道も急伸している。

◎国内のワイナリー数　453場

（都道府県別のワイナリー数）

順位	都道府県	ワイナリー数	順位	都道府県	ワイナリー数	順位	都道府県	ワイナリー数
1	山　　梨	94	17	宮　　城	7	29	高　　知	3
2	長　　野	65	17	愛　　知	7	34	岐　　阜	2
3	北 海 道	53	17	福　　岡	7	34	三　　重	2
4	山　　形	19	20	神 奈 川	6	34	滋　　賀	2
5	岩　　手	15	20	島　　根	6	34	和 歌 山	2
6	岡　　山	12	20	大　　分	6	34	山　　口	2
7	青　　森	10	20	宮　　崎	6	34	徳　　島	2
7	福　　島	10	24	熊　　本	5	34	愛　　媛	2
7	茨　　城	10	25	秋　　田	4	34	鹿 児 島	2
7	新　　潟	10	25	埼　　玉	4	42	福　　井	1
7	千　　葉	10	25	石　　川	4	42	香　　川	1
7	広　　島	10	25	鳥　　取	4	42	長　　崎	1
13	栃　　木	9	29	群　　馬	3	45	奈　　良	0
13	東　　京	9	29	富　　山	3	45	佐　　賀	0
13	静　　岡	9	29	京　　都	3	45	沖　　縄	0
16	大　　阪	8	29	兵　　庫	3	全　国　計		453

●2022年1月1日現在における果実酒製造場479場のうち、ワインを製造しており、2022
年度においてワインの生産または出荷の実績がある製造場の数である。
●都道府県別に見ると、上位5道県で全体の約54%を占めている。

◎果実酒の出荷量（課税移出数量）の推移

酒類全般が減少する中、果実酒は微減する時期もあるが基本的に増加
傾向にある。1998年が突出しているのはフレンチパラドックス（16頁参照）
がテレビ番組で紹介され、赤ワインが健康によいと喧伝されたため。

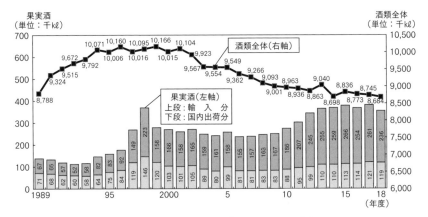

●酒類全体の課税移出数量が減少しており、果実酒についても減少している。
●果実酒の課税移出数量のうち、輸入分は前年比約9.6％の減少、国内出荷分は前年比
約1.7％の減少となっている。

◎国内市場におけるワインの流通量の構成比（2018年度推計値）

国内で流通しているワインの中で最も多いのは輸入ワインで、スパークリングワインも
含めると51.6％を占める。日本ワインはわずか4.6％とまだまだ伸びしろが大きい。

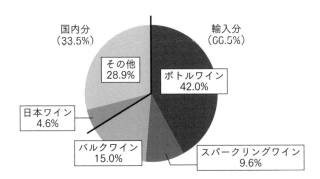

＊1 国内分・輸入分の構成比は、国税庁統計年報における果実酒の課税数量比である。
＊2 輸入分の内訳は、財務省貿易統計の輸入数量比である。
＊3 国内分の構成割合は、果実酒実態調査をもとに推計している。

◎国内製造ワインの生産量構成比（日本ワイン）

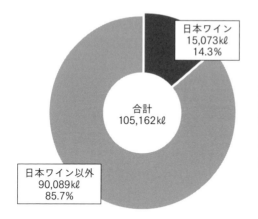

日本ワイン
15,073kℓ
14.3%

合計
105,162kℓ

日本ワイン以外
90,089kℓ
85.7%

国内製造ワイン（旧国産ワイン）のうち、日本ワインは約14％。そのほかは濃縮果汁やバルクワインなどの輸入原料を、国内で醸造やブレンドして製品化したもの。189頁の下のグラフとは統計の取り方が異なるため、数字は一致しない。

◎日本ワインの種類別生産量および上位6道県の構成比

日本ワインの内訳は赤ワインと白ワインがほぼ同じ割合。生産量を産地別で見ると上位5道県はワイナリー数の多寡と同じである。

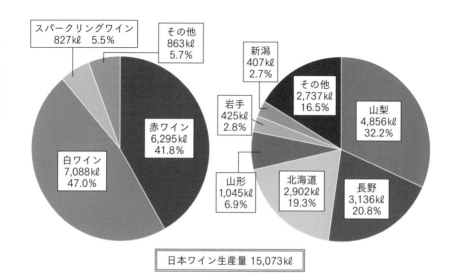

スパークリングワイン
827kℓ　5.5%

その他
863kℓ
5.7%

赤ワイン
6,295kℓ
41.8%

白ワイン
7,088kℓ
47.0%

新潟
407kℓ
2.7%

岩手
425kℓ
2.8%

その他
2,737kℓ
16.5%

山梨
4,856kℓ
32.2%

山形
1,045kℓ
6.9%

北海道
2,902kℓ
19.3%

長野
3,136kℓ
20.8%

日本ワイン生産量 15,073kℓ

データ集　　統計

◎ワイン原料用国産生ブドウ（赤白上位10品種）の受入数量

原料となるブドウ品種では、赤ワインはマスカット・ベーリーA、白は甲州が最も多い。どちらも日本独自の品種。ナイアガラやコンコードなどの食用ブドウ（ヴィティス・ラブルスカ種）からも多くのワインが造られている。日本ワインは、ヴィティス・ヴィニフェラ種のほか、ハイブリット種やヴィティス・ラブルスカ種などバラエティに富んでいるのが特徴だ（意外なことにアメリカ・ニューヨーク州のワインも似た構成）。シャルドネやメルロなどのヴィティス・ヴィニフェラ種は増加傾向にある。

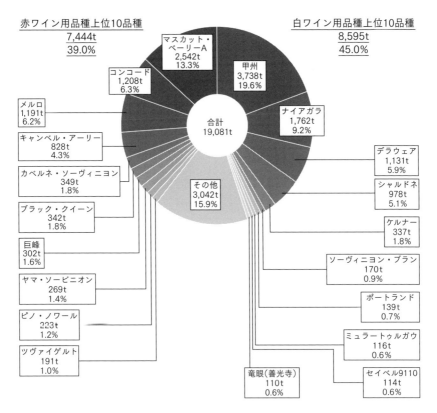

赤ワイン用品種上位10品種
7,444t
39.0%

白ワイン用品種上位10品種
8,595t
45.0%

マスカット・ベーリーA
2,542t
13.3%

甲州
3,738t
19.6%

コンコード
1,208t
6.3%

ナイアガラ
1,762t
9.2%

メルロ
1,191t
6.2%

合計
19,081t

デラウェア
1,131t
5.9%

キャンベル・アーリー
828t
4.3%

シャルドネ
978t
5.1%

カベルネ・ソーヴィニヨン
349t
1.8%

ケルナー
337t
1.8%

ブラック・クイーン
342t
1.8%

その他
3,042t
15.9%

ソーヴィニヨン・ブラン
170t
0.9%

巨峰
302t
1.6%

ヤマ・ソービニオン
269t
1.4%

ポートランド
139t
0.7%

ピノ・ノワール
223t
1.2%

ミュラートゥルガウ
116t
0.6%

ツヴァイゲルト
191t
1.0%

竜眼（善光寺）
110t
0.6%

セイベル9110
114t
0.6%

＊ワインの原料とするために受け入れた国産生ブドウの品種別数量の集計値であり、実際にワイン原料に使用した数量とは符合しない。

◎主要ブドウ産地（上位4道県）における品種別数量

＊全国のワイナリーで受け入れられたブドウのうち、
ブドウ生産量上位の4道県から入荷したブドウの品種内訳である。

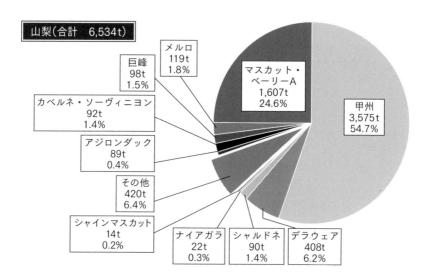

山梨（合計 6,534t）

- メルロ 119t 1.8%
- 巨峰 98t 1.5%
- カベルネ・ソーヴィニヨン 92t 1.4%
- アジロンダック 89t 0.4%
- その他 420t 6.4%
- シャインマスカット 14t 0.2%
- ナイアガラ 22t 0.3%
- シャルドネ 90t 1.4%
- デラウェア 408t 6.2%
- マスカット・ベーリーA 1,607t 24.6%
- 甲州 3,575t 54.7%

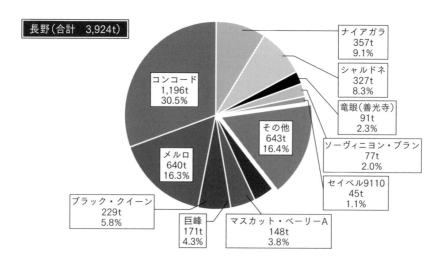

長野（合計 3,924t）

- ナイアガラ 357t 9.1%
- シャルドネ 327t 8.3%
- 竜眼（善光寺） 91t 2.3%
- ソーヴィニヨン・ブラン 77t 2.0%
- セイベル9110 45t 1.1%
- コンコード 1,196t 30.5%
- その他 643t 16.4%
- メルロ 640t 16.3%
- ブラック・クイーン 229t 5.8%
- 巨峰 171t 4.3%
- マスカット・ベーリーA 148t 3.8%

歴史的経緯や地理的要因から地域により品種構成が異なる。山梨県は古くからブドウ栽培が盛んであったため、国内に古くからある甲州が圧倒的に多い。他道県では食用ブドウが多く栽培される中、長野県はメルロ、北海道ではケルナーなど冷涼系品種、山形県はマスカット・ベーリー A が目立つ。

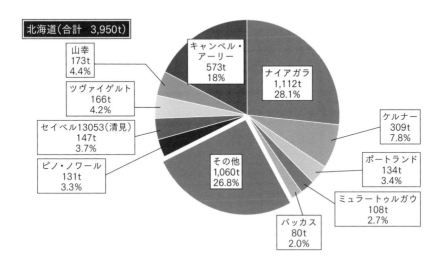

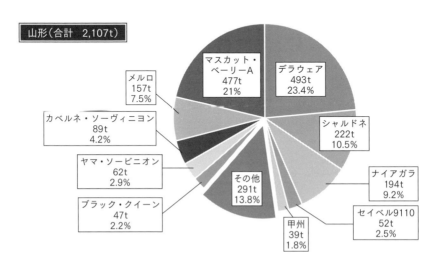

全国ワイナリーリスト

（一部抜粋・順不同／日本ワイン検定事務局調べ）

日本には、北海道から九州まで
300を超えるワイナリーが存在している。

北海道

さっぽろワイン
さっぽろワイン㈱
北海道札幌市手稲区新発寒五条
1-6-1
011-681-0213
https://www.sapporo-wine.
com

さっぽろ藤野ワイナリー
さっぽろ藤野ワイナリー㈱
北海道札幌市南区藤野670-1
011-593-8700
http://www.vm-net.ne.jp/elk/
fujino

八剣山ワイナリー
㈱八剣山さっぽろ地ワイン研究所
北海道札幌市南区砥山194-1
011-596-3981
https://hakkenzanwine.com

ばんけい峠のワイナリー
㈲フィールドテクノロジー研究室
北海道札幌市中央区盤渓201-4
011-618-0522
https://sapporo-bankei-
winery.jimdofree.com

はこだてわいん
㈱はこだてわいん
北海道亀田郡七飯町上藤城11
0138-65-8115
https://www.hakodatewine.
co.jp

**札幌酒精工業
富岡ワイナリー**
札幌酒精工業㈱
北海道爾志郡乙部町字富岡251
0139-62-3155
https://www.sapporo-shusei.
jp

奥尻ワイナリー
㈱奥尻ワイナリー
北海道奥尻郡奥尻町字湯浜300
01397-3-1414
http://okushiri-winery.com

ドメーヌ タカヒコ
㈱ドメーヌ タカヒコ
北海道余市郡余市町登町1395
0135-22-6752
http://www.takahiko.co.jp

ドメーヌユイ
㈱YUI
北海道余市郡余市町登町812
http://domaineyui.jp

余市ワイン
日本清酒㈱
北海道余市郡余市町黒川町
1318
0135-23-2184
https://yoichiwine.jp

オチガビワイナリー
㈱OcciGabi Winery
北海道余市郡余市町山田町635
0135-48-6163
https://www.occigabi.net

ワイナリー夢の森
ワイナリー夢の森
北海道余市郡余市町豊丘町59-3
0135-48-5736
http://winery-yumenomori.
com

平川ワイナリー
㈱平川ワイナリー
北海道余市郡余市町沢町201
http://hirakawawinery.jp

ル・レーヴ・ワイナリー
㈱ル・レーヴ・ワイナリー
北海道余市郡仁木町旭台303
0135-31-3311
https://le-reve-winery.com

ドメーヌ・イチ
㈱自然農園グループ
北海道余市郡仁木町東町
16-118
0135-32-3020
https://domaine-1.com

キャメルファーム
㈱キャメルファーム
北海道余市郡余市町登町1408
番地
0135-22-7751
https://camelfarm.co.jp/

ドメーヌモン
ドメーヌモン
北海道余市郡余市町登町898
0135-22-5330
https://domainemont.com/

リタファーム＆ワイナリー
リタファーム＆ワイナリー㈲
北海道余市郡余市町登町1824
0135-23-8805
http://www.rita-farm.jp/

モンガク谷ワイナリー
余市のぼりんファーム
北海道余市郡余市町登町
1982-1
0135-22-1533
https://mongakuwinery.com/

登醸造
登醸造
北海道余市郡余市町登町718
https://www.noborijozo.com/
wine.htm

NIKI Hills ワイナリー
㈱NIKI Hills ヴィレッジ
北海道余市郡仁木町旭台148-1
0135-32-3801
https://nikihills.co.jp/

Domaine Atsushi Suzuki
Domaine Atsushi Suzuki
北海道余市郡余市町登町1731
0135-48-6340
http://atsushi-suzuki.jp/

ベリーベリーファーム＆ワイナリー仁木
㈱自然農園グループ
北海道余市郡仁木町東町13-49
0135-32-3020
http://www2.organicwine.jp/

ヴィニャ デ オロ ボデガ
㈱Viña de oro bodega
北海道余市郡仁木町旭台228-1
090-8360-2072
http://vina-de-oro-bodega.
net/vina/

オサワイナリー
㈱O・B・U Company
北海道小樽市色内1-6-4
0134-61-1955
https://osawinery.com

鶴沼ワイナリー
北海道ワイン㈱
北海道小樽市朝里川温泉1-130
0134-34-2181
https://www.hokkaidowine.
com/index.html

松原農園
㈲松原農園
北海道磯谷郡蘭越町上里151-8
0136-57-5758
http://matsubarawine.com

ニセコワイナリー
羊蹄グリーンビジネス㈱
北海道虻田郡ニセコ町字近藤194-8
0136-44-3099
http://yoteigreenbusiness.
com

月浦ワイナリー
㈲月浦ワイナリー
北海道虻田郡洞爺湖町洞爺湖温泉36-8
0142-73-2988
http://www.tsukiurawine.jp/

ナカザワヴィンヤード
栗澤ワインズ農事組合法人
北海道岩見沢市栗沢町茂世丑774-2

kondoヴィンヤード
栗澤ワインズ農事組合法人
北海道岩見沢市栗沢町茂世丑774-2
http://www10.plala.or.jp/
kondo-vineyard/

宝水ワイナリー
㈱宝水ワイナリー
北海道岩見沢市宝水町364-3
0126-20-1810
http://housui-winery.co.jp

10Rワイナリー（上幌ワイン）
㈲10R
北海道岩見沢市栗沢町上幌1123-10
0126-33-2770
http://www.10rwinery.jp/

タキザワワイナリー
㈲グリーンテーブル
北海道三笠市川内841-24
01267-2-6755
https://www.takizawawinery.
jp/index.html

山崎ワイナリー
㈲山崎ワイナリー
北海道三笠市達布791-22
01267-4-4410
http://www.yamazaki-winery.
co.jp/

マオイ自由の丘ワイナリー
北海道自由ワイン㈱
北海道夕張郡長沼町加賀団体
0123-88-3704
https://hlwine.co.jp

多田ワイナリー
㈲多田農園
北海道空知郡上富良野町東9線北18
0167-45-5935
https://tada-wine.com

ドメーヌレゾン
㈱Domaine Raison
北海道空知郡中富良野町東1線北4
0167-44-3035
https://domaine-raison.com

ふらのワイン
富良野市ぶどう果樹研究所
北海道富良野市清水山
0167-22-3242
http://www.furanowine.jp

めむろワイナリー
めむろワイナリー㈱
北海道河西郡芽室町中美生2線44-3
0155-65-2077
https://memurowinery.jp

十勝ワイン
北海道池田町 十勝ワイン
北海道中川郡池田町清見83-4
0155-72-2467
https://www.tokachi-wine.
com

相澤ワイナリー
あいざわ農園㈲
北海道帯広市以平町西9線21-1
0155-63-7723
https://aizawanouen.com

森臥ワイナリー
㈱森臥
北海道名寄市弥生674
01654-3-2400
https://shinga-shinga.
jimdofree.com

インフィールドワイナリー
㈱未来ファーム
北海道北見市端野町緋牛内715-10
0157-57-2358
https://miraifarm.co.jp

ボスアグリワイナリー
ボスアグリワイナリー
北海道北見市端野町緋牛内793-3
0157-57-2102

農楽蔵
㈱農楽
北海道函館市元町31-20
http://www.nora-kura.jp/
norakura.html

千歳ワイナリー
北海道中央葡萄酒㈱
北海道千歳市高台1-6-20
0123-27-2460
http://www.chitose-winery.
jp/

青森

澤内醸造
㈱サンワーズ
青森県八戸市柏崎2-10-8
0178-38-1811

http://sawauchi.info/jozo.
html

はちのへワイナリー
はちのへワイナリー㈱
青森県八戸市南郷大字中野字志
民長根23-1
0178-60-8017
http://www.h-winery.com

ワノワイナリー
㈱WANO Winery
青森県北津軽郡鶴田町大字鶴田
字小泉335-1
0173-23-5703
https://www.instagram.com/
wanowinery

サンマモルワイナリー
㈲サンマモルワイナリー
青森県むつ市川内町川代1-6
0175-42-3870
http://www.sunmamoru.com

ファットリア・ダ・サスィーノ
ファットリア・ダ・サスィーノ
青森県弘前市大字高屋字安田
185
0172-26-6368
http://dasasino.com

岩手

スリーピークス
㈱スリーピークス
岩手県大船渡市大船渡町字茶屋
前99
050-5372-4014
http://3peaks.jp

ソーシャルファーム＆
ワイナリー
NPO法人遠野まごころネット
岩手県遠野市宮守町下鱒沢
21-110-1
0198-62-1001
http://tonomagokoro.net

エーデルワイン
㈱エーデルワイン
岩手県花巻市大迫町大迫
10-18-3
0198-48-3037
https://edelwein.co.jp

亀ヶ森醸造所
㈿亀ヶ森醸造所
岩手県花巻市大迫町亀ヶ森
19-7-1
090-2873-6939

http://kamegamori.com

高橋葡萄園
高橋葡萄園
岩手県花巻市大迫町亀ヶ森47-4
080-1662-6150
http://weinbautakahashi.com

アールペイザンワイナリー
㈿悠和会
岩手県花巻市幸田4-35-1
0198-41-8566
https://artpaysan.stores.jp

自園自醸ワイン紫波
㈱紫波フルーツパーク
岩手県紫波郡紫波町遠山字松原
1-11
019-676-5301
https://www.shiwa-fruitspark.
co.jp/winery

くずまきワイン
㈱岩手くずまきワイン
岩手県岩手郡葛巻町江刈
1-95-55
0195-66-3111
https://www.kuzumakiwine.
com

涼海の丘ワイナリー
㈱のだむら
岩手県九戸郡野田村大字玉川
5-104-117
0194-75-3980
http://www.
suzuminookawinery.com

神田葡萄園
㈲神田葡萄園
岩手県陸前高田市米崎町字神田
33
0192-55-2222
http://0192-55-2222.jp

平泉ワイナリー
農事組合法人アグリ平泉
岩手県西磐井郡平泉町長島字砂
子沢172-6
0191-48-4360
https://agri-hiraizumi.com

五枚橋ワイナリー
㈲五枚橋ワイナリー
岩手県盛岡市門1-18-52
019-621-1014
https://www.gomaibashi.
com/

宮城

了美ヴィンヤード＆
ワイナリー
㈱みらいファームやまと
宮城県黒川郡大和町吉田字旦ノ
原36-15
022-725-2106
https://ryomi-wine.jp

秋保ワイナリー
㈱仙台秋保醸造所
宮城県仙台市太白区秋保町湯元
字枇杷原西6
022-226-7475
http://www.akiuwinery.co.jp

南三陸ワイナリー
南三陸ワイナリー㈱
宮城県本吉郡南三陸町志津川字
旭ケ浦7-3
0226-48-5519
https://www.msr-wine.com

大崎ワイナリー
大崎ワイナリー㈿
宮城県大崎市古川台町3-15
0229-25-6048
https://www.facebook.com/
osakiwinery

Fattoria AL FIORE
㈱Meglot
宮城県柴田郡川崎町大字支倉字
塩沢9
0224-87-6896
https://www.fattoriaalfiore.
com/

秋田

小坂七滝ワイナリー
小坂まちづくり㈱
秋田県鹿角郡小坂町上向字滝ノ
下22
0186-22-3130
https://kosaka-7falls-winery.
com

ワイナリーこのはな
㈱MKpaso
秋田県鹿角市花輪字下花輪171
0186-22-2388
https://www.mkpaso.jp

十和田ワイン
マルコー食品工業㈱
秋田県鹿角市花輪字新田町37
0186-23-3114

山形

月山トラヤワイナリー
㈲虎屋西川工場
山形県西村山郡西川町大字吉川
79
0237-74-4315
http://wine.chiyokotobuki.
com

朝日町ワイン
㈲朝日町ワイン
山形県西村山郡朝日町大字大谷
字高野1080
0237-68-2611
https://asahimachi-wine.jp

浜田
浜田㈱
山形県米沢市窪田町藤泉943-1
0238-37-6330
http://www.okimasamune.
com

天童ワイン
天童ワイン㈱
山形県天童市大字高擶南99
023-655-5151
http://www.tendowine.co.jp

ホッカワイナリー
奥羽自慢㈱
山形県鶴岡市上山添字神明前
123
050-3385-0347
https://hocca.jp

月山ワイン山ぶどう研究所
庄内たがわ農業協同組合
山形県鶴岡市越中山字名平3-1
0235-53-2789
https://www.gassan-wine.
com

高畠ワイナリー
㈱高畠ワイナリー
山形県東置賜郡高畠町大字糠野
目2700-1
0238-57-4800
http://www.takahata-winery.
jp

グレープリパブリック
㈱グレープリパブリック
山形県南陽市新田3945-94
0238-40-4130
https://grape-republic.com

イエローマジックワイナリー
㈱グローバルアグリネット
山形県南陽市赤湯字西町871-1

0238-27-0203
https://www.
yellowmagicwinery.com

大浦葡萄酒
㈲大浦葡萄酒
山形県南陽市赤湯312
0238-43-2056
http://www.ourawine.com

酒井ワイナリー
㈲酒井ワイナリー
山形県南陽市赤湯980
0238-43-2043
http://www.sakai-winery.jp

金渓ワイン 佐藤ぶどう酒
㈲佐藤ぶどう酒
山形県南陽市赤湯1072-2
0238-43-2201
http://www.kinkei.net/index.
html

紫金園 須藤ぶどう酒
紫金園 須藤ぶどう酒
山形県南陽市赤湯2836
0238-43-2578

タケダワイナリー
㈲タケダワイナリー
山形県上山市四ツ谷2-6-1
023-672-0040
http://www.takeda-wine.
co.jp

ベルウッドヴィンヤード
㈱ベルウッドヴィンヤード
山形県上山市久保手字久保手
4414-1
023-674-6020
https://bellwoodvineyard.
com

ウッディファーム＆
ワイナリー
㈲蔵王ウッディファーム
山形県上山市原口829
023-674-2343
http://www.woodyfarm.com

東根フルーツワイン
㈲東根フルーツワイン
山形県東根市大字大江新田字平
林 39-1
0237-38-9014
https://www.h-fruitwine.com

福島

ふくしま逢瀬ワイナリー
㈠社㈠ふくしま逢瀬ワイナリー
福島県郡山市逢瀬町多田野字郷
土郷土2
0120-320-307
https://ousewinery.jp

大竹ぶどう園
大竹ぶどう園
福島県会津若松市北会津町真宮
1647
0242-58-2075

ワイン工房あいづ
（ホンダワイナリー）
㈲ホンダワイナリー
福島県耶麻郡猪苗代町大字千代
田字千代田3-7
0242-62-5500
https://www.hondawinery.
co.jp

新鶴ワイナリー
㈿会津コシェル
福島県大沼郡会津美里町鶴野辺
字下長尾2398
0242-23-9899
https://www.aizucoshell.com

いわきワイナリー
NPO法人みどりの杜福祉会
いわきワイナリー
福島県いわき市好間町上好間字
田代11-8
0246-27-0007
https://iwakiwinery.com

ふくしま農家の夢ワイン
ふくしま農家の夢ワイン㈱
福島県二本松市木幡字白石
181-1
0243-24-8170
https://www.fukuyume.co.jp/

茨城

牛久シャトー
牛久シャトー㈱
茨城県牛久市中央3-20-1
029-873-3151
https://maita37.wixsite.com/
ushiku-chateau

麦と葡萄 牛久醸造場
㈱麦と葡萄
茨城県牛久市牛久町531-3
029-871-5029
https://www.facebook.com/

ushikubrewing

つくばワイナリー
㈱カドヤカンパニー
茨城県つくば市北条字古城
1162-8
0298-93-5115
https://tsukuba-winery.
kadoya-company.com

栗原醸造所
㈱Tsukuba Vineyard
茨城県つくば市栗原2944-1
090-2429-5319
https://tsukuba-vineyard.
sakura.ne.jp/blog

来福酒造
来福酒造㈱
茨城県筑西市村田1626
0296-52-2448
http://www.raifuku.co.jp

Domaine MITO
泉町醸造所
Domaine MITO㈱
茨城県水戸市泉町2-3-17
泉町会館1階裏側
080-4405-2474
https://domaine-mito.jp

檜山酒造
檜山酒造㈱
茨城県常陸太田市町屋町1359
0294-78-0611
http://hiyama.co.jp/

栃木

アテウス
アテウス㈱
栃木県芳賀郡茂木町鮎田
1854-1
0285-63-0140
https://ateuswine.com

かぬま里山わいん
宇賀神緑販㈱
栃木県鹿沼市下奈良部町1-110
0289-77-8180
http://www.bc9.jp/~ryokuhan

NASU WINE
渡邊葡萄園醸造
NASU WINE 渡邊葡萄園醸造
栃木県那須塩原市共墾社1-9-8
0287-62-0548
http://nasuwine.com

ココ・ファーム・ワイナリー
㈲ココ・ファーム・ワイナリー
栃木県足利市田島町611
0284-42-1194
https://cocowine.com

Cfaバックヤードワイナリー
㈱マルキョー
栃木県足利市島田町607-1
0284-72-4047
http://winemaker.jp

群馬

奥利根ワイナリー
奥利根ワイン㈱
群馬県利根郡昭和村大字糸井字
大月向6843
0278-50-3070
http://oze.co.jp

塚田農園
㈲塚田農園
群馬県吾妻郡中之条町市城
1384
0279-75-3268
http://tsukada-wine.jp/

しんとうワイナリー
しんとうワイナリー
群馬県北群馬郡榛東村大字山子
田1972-4
0279-54-1066
http://www.vill.shinto.gunma.
jp/sisetu/sisetu04.htm

埼玉

越生ブリュワリー
麻原酒造㈱
埼玉県入間郡越生町大字上野
2906-1
049-298-6010
https://www.musashino-
asahara.jp

武蔵ワイナリー
武蔵ワイナリー㈱
埼玉県比企郡小川町高谷104-1
0493-81-6344
https://musashiwinery.com

秩父ワイン
㈲秩父ワイン
埼玉県秩父郡小鹿野町両神薄41
0494-79-0629
http://chichibuwine.co.jp

秩父ファーマーズファクトリー
兎田ワイナリー
㈱秩父ファーマーズファクトリー
埼玉県秩父市下吉田3720
0494-26-7173
https://chichibu-ff.com

秩父丘陵ワイン
㈱矢尾本店
埼玉県秩父市別所字久保ノ入
1432
0494-23-8919
https://chichibunishiki.com/

東京

ブックロード～葡蔵人～
㈲K'sプロジェクト
東京都台東区台東3-40-2
03-5846-8660
http://bookroad.tokyo

ミヤタビール
Miyata Beer
東京都墨田区横川3-12-19松井
ビル1階
03-3626-2239
https://www.miyatabeer.com

清澄白河フジマル醸造所
㈱パピーユ
東京都江東区三好2-5-3
03-3641-7115
https://www.papilles.net

深川ワイナリー東京
㈱スイミージャパン
東京都江東区古石場1-4-10
高畠ビル1階
03-5809-8058
https://www.fukagawine.
tokyo

渋谷ワイナリー東京
㈱スイミージャパン
東京都渋谷区神宮前6-20-10
ミヤシタパークノース3階
03-6712-5778
https://www.shibuya.wine

東京ワイナリー
㈱HORIGO
東京都練馬区大泉学園町2-8-7
03-3867-5525
http://www.wine.tokyo.jp

ヴィンヤード多摩
㈱ヴィンヤード多摩
東京都あきる野市下代継408-1
042-533-2866

http://vineyardtama.com/

都下ワイナリー
都下ワイナリー㈱
東京都日野市日野台 2-40-12
042-582-4551
https://www.tokawinery.jp/

神奈川

蔵邸ワイナリー
㈱カルナエスト
神奈川県川崎市麻生区岡上 225
044-986-1022
http://carnaest.jp

横濱ワイナリー
横濱ワイナリー㈱
神奈川県横浜市中区新山下
1-3-12
045-228-9713
https://yokohamawinery.com

新潟

岩の原葡萄園
㈱岩の原葡萄園
新潟県上越市北方 1223
025-528-4002
https://www.iwanohara.sgn.
ne.jp

アグリコア越後ワイナリー
㈱アグリコア越後ワイナリー
新潟県南魚沼市浦佐 5531-1
025-777-5877
https://www.echigowinery.
com

カーブドッチワイナリー
㈱カーブドッチ
新潟県新潟市西蒲区角田浜
1661
0256-77-2288
http://www.docci.com

ルサンクワイナリー
ルサンクワイナリー㈱
新潟県新潟市西蒲区角田浜
1693
0256-78-8490
https://lecinqwinery.com

フェルミエ
ホンダヴィンヤードアンドワイナリー㈱
新潟県新潟市西蒲区越前浜
4501
0256-70-2646
https://fermier.jp

レスカルゴ
㈱レスカルゴ
新潟県新潟市西蒲区越前浜
4477
0256-77-2268
https://www.lescargot.jp

カンティーナ・ジーオセット
㈱セトワイナリー
新潟県新潟市西蒲区角田浜
1697-1
0256-78-8065
http://ziosetto.com/wine/

胎内高原ワイナリー
胎内市役所
新潟県胎内市宮久 1454
0254-48-2400

富山

セイズファーム
㈱T-MARKS
富山県氷見市余川字北山 238
0766-72-8288
https://www.saysfarm.com

ドメーヌ・ボー
トレボー㈱
富山県南砺市立野原西 1197
0763-77-4639
https://tresbeau.co.jp

やまふじぶどう園
ホーライサンワイナリー㈱
富山県富山市婦中町鵜谷 10
076-469-4539
http://www.winery.co.jp/

石川

金沢ワイナリー
㈱金沢ワイナリ
石川県金沢市尾張町 1-9-9
076-221-8818
https://k-wine.jp

能登ワイン
能登ワイン㈱
石川県鳳珠郡穴水町字旭ヶ丘り
5-1
0768-58-1577
https://www.notowine.com

ハイディワイナリー
㈱ハイディワイナリー
石川県輪島市門前町千代
31-21-1
0768-42-2622

https://heidee-winery.jp

福井

白山ワイナリー
㈱白山やまぶどうワイン
福井県大野市落合 2-24
0779-67-7111
https://www.yamabudou.
co.jp

山梨

サドヤ
㈱サドヤ
山梨県甲府市北口 3-3-24
055-251-3671
https://www.sadoya.co.jp

信玄ワイン
信玄ワイン㈱
山梨県甲府市中央 5-1-5
055-233-2579
http://ccnet.easymyweb.jp/
member/shingen/default.asp

ドメーヌQ
㈱甲府ワインポート
山梨県甲府市桜井町 47
055-233-4427
http://www.kofuwineport.jp

シャトー酒折ワイナリー
シャトー酒折ワイナリー㈱
山梨県甲府市酒折町 1338-203
055-227-0511
https://www.sakaoriwine.com

**サントリー登美の丘
ワイナリー**
サントリーワイン
インターナショナル㈱
山梨県甲斐市大垈 2786
0551-28-7311
https://www.suntory.co.jp/
factory/tominooka

**シャトレーゼベルフォーレ
ワイナリー**
㈱シャトレーゼ
ベルフォーレワイナリー
山梨県甲斐市下今井 1954
0551-28-4451
http://www.belle-foret.co.jp/
belleforet

敷島ワイナリー
敷島醸造㈱
山梨県甲斐市亀沢 3228

055-277-2805
https://mountwine.jp

ドメーヌヒデ
㈱ショープル
山梨県南アルプス市小笠原
436-1
055-244-6485
http://www.domainehide.
com

南アルプス天空舎
㈲シルフ
山梨県南アルプス市西野 2631-1
055-283-8114
https://tenqoo.theshop.jp

笹一酒造
笹一酒造㈱
山梨県大月市笹子町吉久保 26
0554-25-2111
https://www.sasaichi.co.jp

カンティーナ・ヒロ
㈱Cantina Hiro
山梨県山梨市牧丘町倉科 7143
0553-35-5555
https://cantina-hiro.jp

三養醸造
三養醸造㈱
山梨県山梨市牧丘町窪平 237-2
0553-35-2108
http://sanyowine.fruits.jp

旭洋酒ソレイユワイン
旭洋酒㈲
山梨県山梨市小原東 857-1
0553-22-2236
http://soleilwine.jp

サントネージュワイン
サントネージュワイン㈱
山梨県山梨市上神内川 107-1
0553-22-1511
https://www.asahibeer.co.jp/
enjoy/wine/ste-neige

東晨洋酒
東晨洋酒㈱
山梨県山梨市歌田 66
0553-22-5681
https://yn-sunriver.
jimdofree.com

山梨醗酵工業
山梨醗酵工業㈱
山梨県山梨市正徳寺 1220-1
0553-23-2462

金井醸造場
金井醸造場
山梨県山梨市万力 806
0553-22-0148
http://caney.fruits.jp

四恩醸造
四恩醸造㈱
山梨県山梨市牧丘町千野々宮
764-1
0553-20-3541
http://shion-winery.co.jp/

八幡洋酒
八幡洋酒
山梨県山梨市市川 1370
0553-23-2082

つるやワイナリー
鶴屋醸造㈱
山梨県山梨市下栗原 1450
0553-22-0722

日川葡萄酒醸造
日川葡萄酒醸造㈱
山梨県山梨市下栗原 1063
0553-22-1722

牛奥第一葡萄酒
牛奥第一葡萄酒㈱
山梨県甲州市塩山牛奥 3969
0553-33-8080

キスヴィンワイナリー
㈱Kisvin
山梨県甲州市塩山千野 474
0553-32-0003
http://www.kisvin.co.jp

塩山洋酒醸造
塩山洋酒醸造㈱
山梨県甲州市塩山千野 693
0553-33-2228
http://www.enzanwine.co.jp

甲斐ワイナリー
甲斐ワイナリー㈱
山梨県甲州市塩山下於曽 910
0553-32-2032
http://www.kaiwinery.com

機山洋酒工業
機山洋酒工業㈱
山梨県甲州市塩山三日市場
3313
0553-33-3024
https://kizan.co.jp

駒園ヴィンヤード
駒園ヴィンヤード㈱
山梨県甲州市塩山藤木 1937

0553-33-3058
http://comazono.com

シャトージュン
シャトージュン㈱
山梨県甲州市勝沼町菱山 3308
0553-44-2501
https://www.chateaujun.com

錦城葡萄酒
錦城葡萄酒㈱
山梨県甲州市勝沼町小佐手
1833
0553-44-1567
http://www.kinjyo-wine.com

**グランポレール
勝沼ワイナリー**
サッポロビール㈱
山梨県甲州市勝沼町綿塚 577
0553-44-2345
https://www.sapporobeer.jp/
wine/gp/winery/katsuma

マンズワイン勝沼ワイナリー
マンズワイン㈱
山梨県甲州市勝沼町山 400
0553-44-2285
https://mannswines.com/
winery/#winery-katsuma

イケダワイナリー
イケダワイナリー㈱
山梨県甲州市勝沼町下岩崎
1943
0553-44-2190
http://www.katsunuma.ne.jp/
~ikedawinery

岩崎醸造（ホンジョーワイン）
岩崎醸造㈱
山梨県甲州市勝沼町下岩崎 957
0553-44-0020
https://www.iwasaki-jozo.
com

大泉葡萄酒
大泉葡萄酒㈱
山梨県甲州市勝沼町下岩崎
1809
0553-44-2872
http://www.katsunuma.ne.jp/
~ohizumi

勝沼醸造
勝沼醸造㈱
山梨県甲州市勝沼町下岩崎 371
0553-44-0069
http://www.katsunuma-
winery.com

くらむぼんワイン
㈱くらむぼんワイン
山梨県甲州市勝沼町下岩崎835
0553-44-0111
https://kurambon.com

シャトー・メルシャン 勝沼ワイナリー
メルシャン㈱
山梨県甲州市勝沼町下岩崎1425-1
0553-44-1011
https://www.chateaumercian.com/winery/katsunuma

蒼龍葡萄酒
蒼龍葡萄酒㈱
山梨県甲州市勝沼町下岩崎1841
0553-44-0026
http://www.wine.or.jp/soryu

フジッコワイナリー
フジッコワイナリー㈱
山梨県甲州市勝沼町下岩崎2770-1
0553-44-3181
https://fujiclairwine.jp

まるき葡萄酒
まるき葡萄酒㈱
山梨県甲州市勝沼町下岩崎2488
0553-44-1005
http://www.marukiwine.co.jp

丸藤葡萄酒工業
丸藤葡萄酒工業㈱
山梨県甲州市勝沼町藤井780
0553-44-0043
https://www.rubaiyat.jp

あさや葡萄酒
麻屋葡萄酒㈱
山梨県甲州市勝沼町等々力166
0553-44-1022
http://asaya-winery.jp

グレイスワイン
中央葡萄酒㈱
山梨県甲州市勝沼町等々力173
0553-44-1230
https://www.grace-wine.com

MGVsワイナリー
㈱塩山製作所
山梨県甲州市勝沼町等々力601-17
0553-44-6030
https://mgvs.jp

ロリアンワイン 白百合醸造
白百合醸造㈱
山梨県甲州市勝沼町等々力878-2
0553-44-3131
https://shirayuriwine.com

カーサ ワタナベ
㈱ワイナリー Casa Watanabe
山梨県甲州市勝沼町勝沼2543-2
0553-39-9003
http://www.winewatanabe.com

柏和葡萄酒
柏和葡萄酒㈱
山梨県甲州市勝沼町勝沼3559
0553-44-0027
https://daizenji.org

ケアフィットファーム ワイナリー
㈾日本ケアフィット共育機構
山梨県甲州市勝沼町勝沼2561-6
0553-34-8144
https://www.carefit.org/farm/

シャトレーゼベルフォーレ ワイナリー勝沼ワイナリー
㈱シャトレーゼ
ベルフォーレワイナリー
山梨県甲州市勝沼町勝沼2830-3
0553-20-4700
http://www.belle-foret.co.jp/katsunuma

シャンモリワイン
盛田甲州ワイナリー㈱
山梨県甲州市勝沼町勝沼2842
0553-44-2003
https://www.chanmoris.co.jp

ドメーヌ・ジン ワイナリー
㈱ドメーヌ・ジン
山梨県甲州市勝沼町勝沼2561-7
070-4131-6435
http://domainejin.com

原茂ワイン
原茂ワイン㈱
山梨県甲州市勝沼町勝沼3181
0553-44-0121
http://haramo.com

日和ワイナリー
日和㈱
山梨県甲州市勝沼町勝沼2543-3
https://hiyori-corp.com

マルサン葡萄酒
㈲マルサン葡萄酒
山梨県甲州市勝沼町勝沼3111-1
0553-44-0160
https://blog.goo.ne.jp/tsujicci

ラベルヴィーニュ
㈱ラベルヴィーニュ
山梨県甲州市勝沼町勝沼2561-8
050-6863-8205
http://belle-vigne.net

シャンテワイン
㈱ダイヤモンド酒造
山梨県甲州市勝沼町下岩崎880
0553-44-0129
http://www.jade.dti.ne.jp/~chanter/

ドメーヌオヤマダ
ペイザナ農業組合法人
中原ワイナリー
山梨県甲州市勝沼町中原5288-1
https://vinscoeur.co.jp/

シャトー勝沼
㈱シャトー勝沼
山梨県甲州市勝沼町菱山4729
0553-44-0073
https://www.chateauk.co.jp/

98WINEs
98WINEs
山梨県甲州市塩山福生里250-1
0553-32-8098
https://98wines.jp

菱山中央醸造
菱山中央醸造㈲
山梨県甲州市勝沼町菱山1425
0553-44-0356
https://www.budoubatake.co.jp/story.html

勝沼第八葡萄酒
勝沼第八葡萄酒
山梨県甲州市勝沼町等々力53
0553-44-0162

大和葡萄酒勝沼ワイナリー
大和葡萄酒㈱
山梨県甲州市勝沼町等々力776-1
0553-44-0433

http://www.yamatowine.com

東夢ワイナリー
㈱東夢
山梨県甲州市勝沼町勝沼
2562-2
0553-44-5535
http://toumuwinery.com

大一葡萄酒醸造
大一葡萄酒醸造
山梨県甲州市勝沼町上岩崎
1010
0553-44-0035

ルミエールワイナリー
㈱ルミエール
山梨県笛吹市一宮町南野呂624
0553-47-0207
https://www.lumiere.jp

スズランワイナリー
スズラン酒造工業㈲
山梨県笛吹市一宮町上矢作866
0553-47-0221
http://www.suzuran-w.co.jp

日川中央葡萄酒
日川中央葡萄酒㈱
山梨県笛吹市一宮町市之蔵
118-1
0553-47-1553
http://liaisonwine.jp

新巻葡萄酒
新巻葡萄酒㈱
山梨県笛吹市一宮町新巻500
0553-47-0071
https://aramakiwinery.jp

北野呂醸造
北野呂醸造㈲
山梨県笛吹市一宮町新巻480
0553-47-1563
http://www.kitanoro-wine.jp

アルプスワイン
アルプスワイン㈱
山梨県笛吹市一宮町狐新居418
0553-47-0383
http://www.alpswine.co.jp

マルス山梨ワイナリー
本坊酒造㈱
山梨県笛吹市石和町山崎126
055-262-4121
http://www.hombo.co.jp

モンデ酒造
モンデ酒造㈱
山梨県笛吹市石和町市部476

055-262-3161
https://www.mondewinery.
co.jp

笛吹ワイン
笛吹ワイン㈱
山梨県笛吹市御坂町夏目原992
055-263-2299
http://www.fuefuki-wine.com

ニュー山梨ワイン醸造
ニュー山梨ワイン醸造㈱
山梨県笛吹市御坂町二之宮611
055-263-3036
https://8vin-yard.jp

勝沼醸造金川ワイナリー
勝沼醸造㈱
山梨県笛吹市一宮町塩田1720
0553-47-3232

丸一葡萄酒醸造所
丸一葡萄酒醸造所
山梨県笛吹市一宮町末木455
0553-47-0326

モンターナスワイン
モンターナスワイン
山梨県笛吹市一宮町千米寺
1040
0553-47-0491

矢作洋酒
矢作洋酒㈱
山梨県笛吹市一宮町上矢作606
0553-47-5911
http://www.yahagi-wine.co.jp

八代醸造
八代醸造
山梨県笛吹市八代町北1603
055-265-2418

ドメーヌ茅ヶ岳
ドメーヌ茅ヶ岳
山梨県韮崎市上ノ山3237-6
080-5534-1674
http://d-kayagatake.com

マルス穂坂ワイナリー
本坊酒造㈱
山梨県韮崎市穂坂町上今井8-1
0551-45-8883
http://www.hombo.co.jp

サン.フーズ
㈱サン.フーズ
山梨県韮崎市籠岡町下條南割
640
0551-22-6654
https://www.sanfoods.jp/

能見園 河西ワイナリー
能見園 河西ワイナリー
山梨県韮崎市穴山町3993
0551-25-5107

シャルマンワイン
江井ヶ嶋酒造㈱
山梨県北杜市白州町白須
1045-1
0120-35-2602
https://www.charmant-wine.
com

ドメーヌ ミエ・イケノ
㈱レ・パ・デュ・シャ
山梨県北杜市小淵沢町下笹尾
114
https://www.mieikeno.com/

ボーペイサージュ
㈲ボーペイサージュ
山梨県北杜市須玉町上津金
1228-63
https://www.beaupaysage.
com

ドメーヌ・ド・ラ・アケノ・ヴェニュス
ドメーヌ・ド・ラ・アケノ・ヴェニュス
山梨県北杜市明野町下神取793
090-3311-8835

ヴィンテージファーム
㈱ヴィンテージファーム
山梨県北杜市須玉町江草
6510-2
0551-42-5055
https://vintage-farm.
themedia.jp/

ドメーヌ・デ・テンゲイジ
㈱CouCou-Lapin Domaine
des Tengeijis
山梨県北杜市明野町小笠原字大
内窪3394-271
http://tengeijis.com/

楽園葡萄酒醸造場
楽園葡萄酒醸造場
山梨県西八代郡市川三郷町市川
大門5173-2
055-272-0026
http://www.wine1940.com/
index.php

長野

小布施ワイナリー
小布施ワイナリー㈱
長野県上高井郡小布施町押羽

571
026-247-5080
http://obusewinery.com

ドメーヌ長谷
㈲ Hikaru Farm
長野県上高井郡高山村大字高井
4411-3
090-3509-8608
https://domainehase-
hikarufarm.com

信州たかやまワイナリー
㈱信州たかやまワイナリー
長野県上高井郡高山村大字高井
字裏原 7926
026-214-8726
https://www.shinshu-
takayama.wine

マザーバインズ長野醸造所
㈲マザーバインズ
長野県上高井郡高山村大字高井
久保 1826-1
026-213-7767
http://www.mothervines.com

カンティーナ・リエゾー
㈲カンティーナ・リエゾー
長野県上高井郡高山村大字高井
4217
050-3189-0870
http://cantinariezo.jp/

ヴィニクローブ
㈱ヴィニクローブ
長野県上高井郡高山村黒部
4048-3
026-242-2418

西飯田酒造店
㈱西飯田酒造店
長野県長野市篠ノ井小松原
1726
026-292-2047
http://w2.avis.ne.
jp/~nishiida/index.html

楠わいなりー
楠わいなりー㈱
長野県須坂市亀倉 123-1
026-214-8568
https://www.kusunoki-
winery.com

**たかやしろファーム＆
ワイナリー**
㈲たかやしろファーム
長野県中野市大字竹原 1609-7
0269-24-7650
http://www.takayashirofarm.

com

アンワイナリー
㈱プラスフォレスト
長野県小諸市町 1-2-4
0267-22-1518
http://plusforest.com

マンズワイン小諸ワイナリー
マンズワイン㈱
長野県小諸市諸 375
0267-22-6341
https://mannswines.com/
winery/#winery-komoro

ジオヒルズワイナリー
㈱ジオヒルズ
長野県小諸市山浦富士見平
5656
0267-48-6422
http://giohills.jp

テールドシエル
㈱テールドシエル
長野県小諸市滋野甲天池
4063-5
0267-41-6671
https://www.terredeciel.jp

たてしなップルワイナリー
㈲たてしなップル
長野県北佐久郡立科町大字牛鹿
1616-1
0267-56-2288
https://tateshinapple.jp

古屋酒造店
㈱古屋酒造店
長野県佐久市塚原 411
0267-67-2153
https://furuya-shuzou.com

**シャトー・メルシャン
椀子ワイナリー**
メルシャン㈱
長野県上田市長瀬 146-2
0268-75-8790
https://www.chateaumercian.
com/winery/mariko

496ワイナリー
シクロヴィンヤード㈱
長野県東御市八重原 1018
0268-67-0231
https://www.cyclovineyards.
com

カーヴ ハタノ
カーヴ ハタノ
長野県東御市新張 525-4
080-6936-9646

https://www.facebook.com/
cavehatano

アルカンヴィーニュ
日本ワイン農業研究所㈱
長野県東御市和 6667
0268-71-7082
https://jw-arc.co.jp

ヴィラデストワイナリー
㈱ヴィラデストワイナリー
長野県東御市和 6027
0268-63-7373
https://www.villadest.com

ツイヂラボ
ツイヂラボ
長野県東御市和 3875-1
090-5496-6798
https://www.instagram.com/
tsuijilab

ドメーヌナカジマ
㈱モンヴィニョーブル
長野県東御市和 4601-3
0268-64-5799
http://d-nakajima.jp

ナゴミ・ヴィンヤーズ
ナゴミ・ヴィンヤーズ㈲
長野県東御市和 3420-10
0268-80-9100
http://www.nagomivineyards.
jp

**はすみふぁーむ＆
ワイナリー**
㈱はすみふぁーむ
長野県東御市祢津 413
0268-64-5550
http://hasumifarm.com

リュードヴァン
㈱リュードヴァン
長野県東御市祢津 405
0268-71-5973
https://ruedevin.jp

レヴァンヴィヴァン
LES VINS VIVANTS ㈲
長野県東御市滋野乙 4379-1
070-2797-2920
https://lesvinsvivants.jp

アトリエ・デュ・ヴァン
アトリエ・デュ・ヴァン
長野県東御市新張 690-3
090-7203-2482

ヴィーノ・デッラ・ガッタ・サカキ
坂城葡萄酒醸造㈱
長野県埴科郡坂城町坂城
9586-47
0268-82-2208
https://sakaki.wine

サンクゼール・ワイナリー
㈱サンクゼール
長野県上水内郡飯綱町芋川
1260
026-253-8002
https://www.stcousair.co.jp/
valley/wine

山辺ワイナリー
㈱ぶどうの郷山辺
長野県松本市入山辺1315-2
0263-32-3644
http://www.yamabewinery.
co.jp

ガクファーム・アンド・ワイナリー
㈱ガクファーム
長野県松本市笹賀171-5
080-1251-0081
https://gakufarm.jp

大和葡萄酒四賀ワイナリー
大和葡萄酒㈱
長野県松本市反町640-1
0263-64-4255
http://www.yamatowine.
com/contents/winery/shiga.
php

大池ワイナリー
㈲むかいや
長野県東筑摩郡山形村日向
2551-1
0263-55-6100
https://www.taikewine.jp

伊那ワイン工房
㈲ムラタ
長野県伊那市美篶5795
0265-98-6728
http://inawine.net

ヴァン・ドーマチ・フェルムサンロク
㈿ Ferme36
長野県大町市平8040-146
0261-85-0425
https://tatsunokovin.
blogspot.com

うさうさのプチファーム
うさうさのプチファーム

長野県大町市大町2194-1
090-2240-7060
http://usaputi.com

ノーザンアルプスヴィンヤード
㈱ノーザンアルプスヴィンヤード
長野県大町市大町5829
0261-22-2564
http://navineyards.lolipop.jp/

いにしぇの里葡萄酒
いにしぇの里葡萄酒
長野県塩尻市北小野2954
0266-78-7204
https://inishe-no-sato.com

桔梗の里ワイナリー
松本ハイランド農業協同組合
長野県塩尻市広丘郷原1811-4
0263-53-9110
https://www.ja-m.iijan.or.jp/
food_agri/wine.html

丘の上 幸西ワイナリー
丘の上 幸西ワイナリー
長野県塩尻市片丘9965-6
090-1760-0061
https://r.goope.jp/kounishi-
wine

ドメーヌ・コーセイ
㈱Domaine KOSEI
長野県塩尻市片丘7861-1
0263-50-7922
http://domaine-kosei.com

アルプス
㈱アルプス
長野県塩尻市塩尻町260
0263-52-1150
https://www.alpswine.com

サンサンワイナリー
㈳サン・ビジョン
長野県塩尻市大字柿沢日向畠
709-3
0263-51-8011
https://sun-vision.or.jp/
sunsunwinery

サントリー塩尻ワイナリー
サントリーワイン
インターナショナル㈱
長野県塩尻市大門543
0263-52-0144
https://www.suntory.co.jp/
wine/nihon/wine-cellar/
shiojiri.html

井筒ワイン
㈱井筒ワイン

長野県塩尻市宗賀桔梗ヶ原
1298-187
0263-52-0174
http://www.izutsuwine.co.jp

キドワイナリー
㈱Kidoワイナリー
長野県塩尻市宗賀1530-1
0263-54-5922
http://www6.plala.or.jp/
kidowinery

シャトー・メルシャン桔梗ヶ原ワイナリー
メルシャン㈱
長野県塩尻市大字宗賀
1298-80
080-1128-5548
https://www.chateaumercian.
com/winery/kikyogahara

林農園
㈱林農園
長野県塩尻市宗賀1298-170
0263-52-0059
http://www.goichiwine.co.jp

ベリービーズワイナリー
㈱ベリービーズワイナリー
長野県塩尻市宗賀字洗馬
2372-1
0263-87-0570
https://bellybeadswinery.com

ヴォータノワイン
㈱VOTANO WINE
長野県塩尻市宗賀洗馬2660-1
0263-54-3723
https://votanowine.info

信濃ワイン
信濃ワイン㈱
長野県塩尻市大字洗馬783
0263-52-2581
https://www.sinanowine.
co.jp

塩尻志学館高校
塩尻志学館高校
長野県塩尻市広丘高出4-4
0263-52-0015

塩尻ファーム ドメーヌ・スリエ
㈲塩尻建設
長野県塩尻市広丘郷原1637-1
0263-31-0266
https://www.domaine-
sourire.jp

霧訪山シードル
霧訪山シードル

データ集 全国ワイナリーリスト

長野県塩尻市下西条洞 627
080-9265-8948
https://www.facebook.com/
KiritouyamaCidre/

マルカメ醸造所
㈲フルーツガーデン北沢
長野県下伊那郡松川町大島
3347
0265-36-2534
https://www.marukamecidery.
com

ヴァンヴィ
㈱VINVIE
長野県下伊那郡松川町大島
3307-7
0265-49-0801
https://vinvie.jp

信州まし野ワイン
信州まし野ワイン㈱
長野県下伊那郡松川町大島
3272
0265-36-3013
http://www.mashinowine.
com/

ル・ミリュウ
㈲ Le Milieu
長野県安曇野市明科七貴
4671-1
0263-62-5507
https://le-milieu.co.jp

安曇野ワイナリー
安曇野ワイナリー㈱
長野県安曇野市三郷小倉
6687-5
0263-77-7700
https://www.ch-azumino.com

スイス村ワイナリー
㈱あづみアップル
長野県安曇野市豊科南穂高
5567-5
0263-73-5532
http://www.swissmurawinery.
com

ドメーヌ ヒロキ
㈱ヴィニョブル安曇野
長野県北安曇郡池田町大字会染
5543
0261-25-0024
https://www.facebook.com/
hiroki.domaine

ファンキー・シャトー
ファンキー・シャトー㈱
長野県小県郡青木村村松

1491-1
0268-49-0377
http://funkychateau.com/

岐阜

坂井農園
坂井農園
岐阜県各務原市那加新加納町
2100-1
058-382-4648

長良天然ワイン醸造
長良天然ワイン醸造
岐阜県岐阜市長良志段見 106
058-232-4750
https://www.facebook.com/
pages/長良天然ワイン醸造
/156771044480314

静岡

中伊豆ワイナリーシャトー
T.S
シダックス
中伊豆ワイナリーヒルズ㈱
静岡県伊豆市下白岩 1433-27
0558-83-5111
https://www.shidax.co.jp/
winery/

富士山北山ワイナリー
㈱如水
静岡県富士宮市北山 3807-13
0544-58-0005
http://fujisan-kitayama-wine.
com

富士山ワイナリー
㈱富士山ワイナリー
静岡県富士宮市根原宇宝山 498
0544-52-0055
https://fujisanwinery.co.jp

御殿場高原ワイン
御殿場高原ワイン㈱
静岡県御殿場市神山 719
0550-87-6628
https://www.facebook.com/
gotembawine/

はままつフルーツパーク
ときのすみか
トロピカル・ワインカーヴ
㈱時之栖
静岡県浜松市北区都田町
4263-1
053-428-5211
http://www.tokinosumika.

com/hamamatsufp

愛知

あんこ椿
㈱ideai
愛知県日進市蟹甲町池下 201-3
0561-78-3066
https://www.facebook.com/
ankotbk

常滑ワイナリー ネイバーフッド
㈱ブルーチップ
愛知県常滑市金山上白田 130
0569-47-9478
http://www.tokonamewinery.
jp

小牧ワイナリー
㈳ AJU自立の家
愛知県小牧市大字野口字大洞
2325-2
0568-79-3001
https://www.komakiwinery.
com

アズッカ エ アズッコ
アズッカ エ アズッコ
愛知県豊田市太平町七曲
12-691
0565-42-2236
http://azu-azu.sakura.ne.jp/

滋賀

太田酒造 栗東ワイナリー
太田酒造㈱
滋賀県栗東市荒張字浅柄野
1507-1
077-558-1406
https://www.ohta-shuzou.
co.jp

ヒトミワイナリー
㈱ヒトミワイナリー
滋賀県東近江市山上町 2083
0748-27-1707
http://www.nigoriwine.jp

京都

丹波ワイン
丹波ワイン㈱
京都府船井郡京丹波町豊田鳥居
野 96
0771-82-2002
https://www.tambawine.co.jp

天橋立ワイナリー
天橋立ワイン㈱
京都府宮津市字国分123
0772-27-2222
http://www.amanohashidate.
org/wein

大阪
島之内フジマル醸造所
㈱パピーユ
大阪府大阪市中央区島之内
1-1-14 三和ビル1階
06-4704-6666
https://www.papilles.net

大阪エアポートワイナリー
㈱スイミージャパン
大阪府豊中市蛍池西町3-555
大阪国際空港中央エリア3階
06-6152-5165
https://www.airportwinery.
osaka

カタシモワイナリー
カタシモワインフード㈱
大阪府柏原市太平寺2-9-14
072-971-6334
https://www.kashiwara-wine.
com

天使の羽ワイナリー
㈱ナチュラルファーム・グレープア
ンドワイン
大阪府柏原市大県697-2
072-975-3033
http://www.n-farms.com

飛鳥ワイン
飛鳥ワイン㈱
大阪府羽曳野市飛鳥1104
072-956-2020
http://www.asukawine.co.jp

仲村わいん工房
仲村わいん工房
大阪府羽曳野市飛鳥1184
072-956-2915
http://www.nakamura-wine.jp

河内ワイン
㈱河内ワイン
大阪府羽曳野市駒ヶ谷1027
072-956-0181
http://www.kawachi-wine.
co.jp/

兵庫
神戸ワイナリー
㈠財神戸農政公社
兵庫県神戸市西区押部谷町高和
1557-1
078-991-3911
https://kobewinery.or.jp

ボタニカルライフ
ボタニカルライフ
兵庫県加西市青野町705
0790-20-6385
http://botanical-life.com/

和歌山
湯浅ワイナリー
㈱TOA
和歌山県有田郡湯浅町栖原332
0737-63-0061
https://yuasa-winery.jp

和歌山ワイナリー
和歌山ワイナリー ㈲
和歌山県有田郡有田川町垣倉
50-10
0737-52-5610
https://www.wakayama-wine.
jp/

三重
國津果實酒醸造所
㈱國津果實酒醸造所
三重県名張市神屋1866
https://www.kunitsu-wine.
com/

NPO法人
スタイルワイナリー
NPO法人スタイルワイナリー
三重県伊賀市鍛治屋612番地2

鳥取
兎ッ兎ワイナリー
㈱兎ッ兎
鳥取県鳥取市国府町麻生
178-11
0857-30-0003
https://www.tottowinery.com

北条ワイン醸造所
㈱北条ワイン醸造所
鳥取県東伯郡北栄町松神608
0858-36-2015
https://hojyowine.jp

倉吉ワイナリー
㈱いまむらワイン＆カンパニー
鳥取県倉吉市西仲町2627
0858-27-1381
https://www.kurayoshi-
winery.com

大山ワイナリー
大山ワイナリー
鳥取県西伯郡伯耆町真野169-4
0859-68-6188
https://daisenwinery.com/

島根
石見ワイナリー
石見ワイナリー㈱
島根県大田市三瓶町志学ロ
1640-2
0854-83-9103
https://iwamiwinery.com

島根ワイナリー
㈱島根ワイナリー
島根県出雲市大社町菱根264-2
0853-53-5577
https://www.shimane-winery.
co.jp

奥出雲葡萄園
㈲奥出雲葡萄園
島根県雲南市木次町寺領
2273-1
0854-42-3480
http://www.okuizumo.com

岡山
ラ・グランド・コリーヌ・
ジャポン
ラ・グランド・コリーヌ・ジャポン㈱
岡山県岡山市北区富吉2387-5
http://lagrandecolline.
fr/j_okayama.html

サッポロビール
岡山ワイナリー
サッポロビール㈱
岡山県赤磐市東軽部1556
086-957-3200
https://www.sapporobeer.jp/
wine/gp/winery/okayama

是里ワイナリー
㈱是里ワイン醸造場
岡山県赤磐市仁堀中1356-1
086-958-2888
https://koresato-wine.jp

ふなおワイナリー
ふなおワイナリー㈲
岡山県倉敷市船穂町水江611-2
086-552-9789
https://www.funaowinery.com

キビバレー
kibi foods㈱
岡山県加賀郡吉備中央町吉川
3340-285
0867-34-1215
https://kibifoods.umc-net.
co.jp

ひるぜんワイナリー
ひるぜんワイン㈲
岡山県真庭市蒜山上福田
1205-32
0867-66-4424
https://hiruzenwine.com

ドメーヌテッタ
tetta㈱
岡山県新見市哲多町矢戸3136
0867-96-3658
http://tetta.jp

**岡山ワインバレー
荒戸山ワイナリー**
岡山ワインバレー
岡山県新見市哲多町田淵72
070-4386-5301
https://okayamawine.jp

広島

福山わいん工房
㈱enivrant
広島県福山市霞町1-7-6
http://www.enivrant.co.jp

山野峡大田ワイナリー
㈱福山健康舎
広島県福山市山野町862-5
084-931-4572
https://yamano-wine.com

せらワイナリー
㈱セラアグリパーク
広島県世羅郡世羅町黒渕518-1
0847-25-4300
http://www.serawinery.jp

広島三次ワイナリー
㈱広島三次ワイナリー
広島県三次市東酒屋町
10445-3
0824-64-0200
http://www.miyoshi-winery.
co.jp

ホッコーわいなりー
㈱ホッコー
広島県山県郡北広島町宮迫
389-4
0826-82-3672
https://www.hokkoh-farm.jp

福光葡萄酒醸造所
福光酒造㈱
広島県山県郡北広島町大朝
2441-1
090-7129-2767
https://www.asahikari.info

山口

ドメーヌ ピノ・リーブル
周防大島ワイナリー㈱
山口県大島郡周防大島町油良
232-1
https://www.domaine-pinot-
livre.com

山口ワイナリー
永山酒造㈲
山口県山陽小野田市大字厚狭石
束1985
0836-71-0360
http://www.yamanosake.com

徳島

ひょうたん島醸造所
日新酒類㈱
徳島県板野郡上板町上六條283
088-694-8166
http://www.nissin-shurui.
co.jp

香川

さぬきワイナリー
㈱さぬき市SA公社
香川県さぬき市小田2671-13
087-895-1133
http://www.sanuki-wine.jp

愛媛

内子ワイナリー
企業組合内子ワイナリー
愛媛県喜多郡内子町内子151
0893-25-4281
http://www.uchiko-
winery151.co.jp

大三島みんなのワイナリー
㈱大三島みんなのワイナリー
愛媛県今治市大三島町宮浦
5562
0897-72-9377
http://www.ohmishimawine.
com/

高知

ミシマファームワイナリー
ミシマファーム
高知県土佐郡土佐町田井446-2
0887-82-2391
https://www.mishimafarm.
com

福岡

巨峰ワイン
㈱巨峰ワイン
福岡県久留米市田主丸町益生田
246-1
0943-72-2382
https://www.kyoho-winery.
com

**ワタリセファーム＆
ワイナリー**
ワタリセファーム＆ワイナリー
福岡県北九州市若松区有毛
1788
080-1719-8773
https://watarise.yoka-yoka.
jp/

立花ワイン
立花ワイン㈱
福岡県八女市立花町兼松726
0943-37-1081
https://www.tachibanawain.
co.jp

長崎

五島ワイナリー
㈱五島ワイナリー
長崎県五島市上大津町2413
0959-74-5277
https://www.goto-winery.net

熊本

菊鹿ワイナリー
熊本ワインファーム㈱
熊本県山鹿市菊鹿町相良559-2
0968-41-8166

https://www.kikuka-winery.jp

熊本ワイン 西里醸造所
熊本ワイン㈱
熊本県熊本市北区和泉町字三ツ塚168-17
096-275-2277
https://www.kumamotowine.co.jp

福田農場
㈱福田農場
熊本県水俣市陳内2525
0966-63-3900
https://www.fukuda-farm.co.jp/

大分

安心院葡萄酒工房
三和酒類㈱
大分県宇佐市安心院町下毛798
0978-34-2210
http://www.ajimu-winery.co.jp

安心院＊小さなワイン工房
企業組合百笑一喜
大分県宇佐市安心院町矢畑487-1
0978-44-4244
https://hyakusho-ikki.wixsite.com/chiisana-wine-koubou

高倉ぶどう園
高倉ぶどう園
大分県竹田市久保1305-3
0974-66-2448
http://www.oct-net.ne.jp/k-46

久住ワイナリー
㈲久住ワイナリー
大分県竹田市久住町大字久住字平木3990-1
0974-76-1002
http://www.kuju-winery.co.jp

由布院ワイナリー
㈲由布院ワイナリー
大分県由布市湯布院町中川1140-5
0977-28-4355
http://www.yufuin-winery.jp

宮崎

香月ワインズ
㈲香月ワインズ

宮崎県東諸県郡綾町北俣2381
0985-40-1565
https://www.katsukiwines.com

雲海葡萄酒醸造所
雲海酒造㈱
宮崎県東諸県郡綾町大字南俣1800-19
0985-77-2222
http://www.unkai.co.jp

五ヶ瀬ワイナリー
五ヶ瀬ワイナリー㈱
宮崎県西臼杵郡五ヶ瀬町大字桑野内4847-1
0982-73-5477
http://www.gokase-winery.jp

都城ワイナリー
㈱都城ワイナリーファーム
宮崎県都城市吉之元町5265-214
0986-33-1111
http://miyakonojowinery.co.jp

都農ワイナリー
㈱都農ワイン
宮崎県児湯郡都農町大字川北14609-20
0983-25-5501
https://tsunowine.com

小林生駒高原葡萄酒工房
㈱NPK
宮崎県小林市南西方8565-7
0984-25-2662
https://www.np-k.co.jp/wine/

鹿児島

さくらファーム＆ワイナリー
㈱さくら農園
鹿児島県霧島市国分重久6033-2
0995-73-3900
http://sakurafarms.jp

◉参考文献

『日本ソムリエ協会教本』（一般社団法人日本ソムリエ協会）

『日本ワインガイド　純国産ワイナリーと造り手たち』（虹有社）

『日本ワイン紀行』（㈱飯田）

『ブドウ栽培の基礎理論』（誠文堂新光社）

『山梨県果樹試験場研究成果情報』（山梨県果樹試験場）

『山梨県ワイン製造マニュアル　2016年版』（山梨県ワイン酒造組合）

『ワイン味わいのコツ』『続　ワイン味わいのコツ』（柴田書店）

『ワインの香り』（虹有社）

『Traite d'oenologie 7e edition tome1
　Microbiologie du vin, Vinification』（DUNOD）

『Traite d'oenologie 7e edition tome2
　Chimie du vin, Stabilisation et traitements』（DUNOD）

◉写真協力

ARC（アメリカン・リバー・コンサバンシー）

オエノンホールディングス㈱

国立国会図書館

サントリーホールディングス㈱

津田塾大学津田梅子資料室

『日本ワイン紀行』（㈱飯田）

メルシャン勝沼ワイナリー

山梨県立図書館

山梨県立博物館

リーデル・ジャパン

日本ワインの教科書
日本ワイン検定公式テキスト

初版発行　2021年9月10日
2版発行　2023年9月15日

著　者　日本ワイン検定事務局
監修者　遠藤利三郎©
発行人　丸山兼一
発行所　株式会社柴田書店
　　　　〒113-8477
　　　　東京都文京区湯島3-26-9　イヤサカビル
　　　　https://www.shibatashoten.co.jp
　　　　営業部（注文・問合せ）：03-5816-8282
　　　　書籍編集部：03-5816-8260

印刷・製本　株式会社光邦
DTP　　　　タクトシステム株式会社

編集……………………安孫子幸代
　　　　　　　　　　　齋藤立夫（柴田書店）
デザイン……………飯塚文子
カバーイラスト……米津祐介
イラスト……………田島弘行
撮影……………………天方晴子（4頁）

ISBN 978-4-388-15450-0

Printed in Japan
©Risaburo Endo, 2021

日本ワイン検定とは

日本ワインの普及を目的として実施されるものである。主催は（一社）日本ワイナリーアワード協議会。対象は日本ワインを扱う酒販店や飲食店の従事者およびワイン愛好家とし、日本ワインに対する正しい知識を備え、日本ワイン普及の要となる存在の育成をめざす。

レベルに応じて3級〜1級が設けられ、3級は日本ワインの基礎的な知識、2級は試飲も含めた日本ワイン全般の知識、1級は栽培から醸造に至るまで高度な知識を求められる。

検定は2022年1月より実施予定。申し込みおよび詳細は下記を参照のこと。

https://jjs.co.jp/jp-wine-info

ワインのおいしい・未来をつくる。

Mercian

Tasting Nippon

シャトー・メルシャンは求め続ける。

日本独自の自然観と審美眼。

匠の手仕事から生まれる

調和のとれた日本庭園のようなワインを。

はじめに、ぶどうありき。

この国でしか育むことのできないぶどうを育み、

個性あふれるワインで、日本を表現していく。

四季折々の自然を、食を、文化を

伝統を、革新を、そして、心を。

シャトー・メルシャン。

このワインは、日本を味わうために生まれた。

Tasting Japan.
At first, we should care for the grape quality.
Château Mercian is in constant pursuit of just one aim,
Grapes that can only be grown here in Japan.

To express Japan itself through wine
full of character of these grapes.

Nature as it cycles through the four seasons, food,
culture. The affection for nature and aesthetic
particular to Japan and the beauty that comes only
from the hand of a skilled artisan, encapsulated in a
wine as elegantly balanced as a Japanese garden.

Château Mercian.
Wines created to bring you
the taste of Japan.

Château Mercian